平成農政の真実
キーマンが語る

菅 正治 著

筑波書房

はじめに

令和という新しい時代に入ったのを機に、平成の農業政策を振り返ってみたい。そのためには、キーマンとも言える人たちに直接話を聞くのが一番いいのではないか。そんなシンプルな思いから連続インタビューを行い、それをまとめたのが本書です。

一口に平成と言っても、30年余りの間には数多くのことがありました。簡単に振り返っておくと、平成の初めは1986（昭和61）年に始まったウルグアイ・ラウンド交渉が大詰めを迎えていました。鎖国状態にあったコメの市場開放が焦点となり、「一粒たりとも入れるな」と農業団体の激しい反対運動が起きていたのもこの頃です。結局、細川護熙首相が93（平成5）年12月、「ぎりぎりの決断」として、コメの部分開放を受け入れる決断をしました。

94年には総額6兆100億円のウルグアイ・ラウンド対策が打ち出されました。「温泉ランド」のように農業と直接関係のない事業もこの中に含まれていたため、税金の無駄遣いとして、厳しく批判されることになりました。

国によるコメの全量管理を定めてきた食糧管理法は95年に廃止され、新たに制定された食糧法の下、国の役割は大幅に縮小されました。「農業の憲法」とされる農業基本法も99年に廃止され、新たに食料・農業・農村基本法が施行されました。新基本法の下では農政の重要指標として食料自給率目標が設けられました。

２００1年には世界貿易機関（ＷＴＯ）の新多角的貿易交渉（ドーハ・ラウンド）が立ち上げられ、一段の貿易自由化が待ったなしとなり、日本も厳しい対応を迫られると予想されました。しかし、先進国と途上国の対立で交渉は暗礁に乗り上げ、08年の閣僚会合で決裂します。日本は自由貿易協定（ＦＴＡ）や経済連携協定（ＥＰＡ）といった2国間交渉、環太平洋連携協定（ＴＰＰ）にかじを切ることになりました。01年には国内で牛海面状脳症（ＢＳＥ）が発生し、農林水産省は大混乱に陥りました。

その後、08～09年には麻生政権下の「石破農政」で改革の機運が一時的に盛り上がったものの、09年8月の衆院選で民主党が圧勝し、政権交代が起きました。民主党政権は公約通り戸別所得補償制度を導入しましたが、12年12月の衆院選で惨敗し、再び自公政権が誕生し、第二次安倍内閣が発足しました。

安倍政権はＴＰＰ交渉への参加を決断するとともに、官邸主導で農政を推進し、農林水産省・地域の活力創造プランを13年に策定しました。プランは毎年のように改定され、生産調整の廃止、農地中間管理機構（農地バンク）の設立、農協改革、輸出の増加などが次々と打ち出されました。安倍首相の在職日数は19（令和元）年11月に歴代最長となりました。

本書に登場してもらった17人の見方はさまざまで、同じ出来事でも肯定的に評価する人もいれば、否定的な人もいます。十七人十七色とも言える内容で、平成農政について、とても貴重で重要な証言を得ることができたと感謝しています。

一連のインタビューは19年5月から12月に行い、時事通信社のデジタル農業誌Agrio（アグリオ）に掲載した一部を加筆修正したものです。インタビュアーとして気をつけたことは、見方や考え方の違いを浮き上がらせるためにもさまざまな立場の人に登場してもらうことと、インタビューでは聞き手は一歩も二歩も引いて話し手に自由、率直に語ってもらうことでした。

20年や30年も昔のことを思い出して話してもらうのは大変困難な作業だったと思います。わざわざメモや資料を用意し、時間をかけて丁寧に話してくれた人も少なくありませんでした。改めて深くお礼を申し上げます。

２０２０年１月

菅正治

◎平成農政の歴史

1986（昭和61）年　ウルグアイ・ラウンド開始
92（平成４）年　「新しい食料・農業・農村政策の方向」（新政策）が公表
93（平成５）年　コメが大不作
　ウルグアイ・ラウンドが決着
94（平成６）年　ウルグアイ・ラウンド対策が策定
95（平成７）年　食糧管理法が廃止、新たに食糧法が制定
99（平成11）年　食料・農業・農村基本法が成立
2001（平成13）年　国内でＢＳＥ感染牛が確認
01（平成13）年　ＷＴＯドーハ・ラウンドが開始
02（平成14）年　コメ政策改革大綱が公表
07（平成19）年　品目横断的経営安定対策が導入
08（平成20）年　事故米不正転売問題が発覚
09（平成21）年　農政改革関係閣僚会合が設置
　民主党政権が誕生
　農地法が改正、リース方式で企業参入が全面自由化
10（平成22）年　戸別所得補償制度が導入
12（平成24）年　第２次安倍政権が誕生
13（平成25）年　日本がＴＰＰ交渉に参加
　農林水産業・地域の活力創造プランが策定
15（平成27）年　ＴＰＰ交渉が大筋合意
18（平成30）年　国によるコメの生産数量目標の配分廃止
　ＴＰＰ11が発効
19（平成31）年　日本とＥＵのＥＰＡが発効
20（令和２）年　日米貿易協定が発効

目次

はじめに …… iii

政治に翻弄、政策の継続性乏しく
高木勇樹・元農林水産事務次官 …… 1

規制緩和で農林水産業が破壊
鈴木宣弘・東京大学大学院教授 …… 21

減反廃止はフェイクニュース、令和で真の改革を
山下一仁・キヤノングローバル戦略研究所研究主幹 …… 33

遺伝子組み換えのメリット、世界で理解
山根精一郎・アグリシーズ社長（元日本モンサント社長）……45

国際化で前進、カロリー自給率目標は誤り
渡辺好明・元農林水産事務次官……57

農業の大規模化や合理化は失敗、世界の流れは家族農業
山田正彦・元農林水産相……69

畜産は産業化が進展、品質向上の努力を
菱沼毅・元日本畜産物輸出促進協議会理事長……77

輸入が増加、国産野菜のシェア回復に注力
竹森三治・日本施設園芸協会常務理事……87

農家が半減、担い手確保が重要課題に
新井毅・日本政策金融公庫農林水産事業本部長……97

目次

中央集権が強化、自治体農政は脆弱化
小田切徳美・明治大学教授 …… 111

政官業トライアングルが分裂、成長産業化へ転換
大泉一貫・宮城大学名誉教授 …… 121

官邸主導に変化、農政通の政治家は減少
吉田　修・自由民主党本部事務局参与（農林担当） …… 133

高米価で消費減少、負のスパイラルから脱却を
針原寿朗・元農林水産審議官 …… 145

コメ関税化拒否は判断ミス、身勝手な緊急輸入
生源寺眞一・福島大学食農学類長 …… 159

担い手集中は問題、地域農業単位で支援を
冨士重夫・元ＪＡ全中専務理事 …… 175

農協の金融依存は限界、農業に軸足を
田代洋一・横浜国立大学名誉教授……189
行政と農業者の連携強化、改革が身近に
笠原節夫・横浜ファーム社長……201

平成農政の真実　キーマンが語る

政治に翻弄、政策の継続性乏しく

高木勇樹・元農林水産事務次官

高木　勇樹（たかぎ　ゆうき）
１９６６年東京大学法学部卒業、同年農林省（現農林水産省）入省。88年８月食糧庁企画課長、90年８月林野庁林政課長、91年５月大臣官房企画室長、92年７月食糧庁管理部長、94年４月畜産局長、95年７月官房長、97年１月食糧庁長官を経て、98年７月～２００１年１月事務次官。02年１月農林中金総合研究所理事長、03年１０月農林漁業金融公庫（現日本政策金融公庫）総裁、07年２月日本プロ農業総合支援機構（Ｊ－ＰＡＯ）副理事長、12年７月同理事長。

農業政策では、「農林族」という言葉に象徴されるように、政治家の影響力の強さが指摘されてきた。１９９８（平成10）年7月～２００１（同13）年1月に農林水産事務次官を務めた高木勇樹・日本プロ農業総合支援機構（Ｊ－ＰＡＯ）理事長は、「農水省では政策の継続性が欠けている。政治に圧力を受けたりすると変えてしまう」と振り返り、政治に翻弄されてきたことを認める一方、「政治にも言うべきことはきちんと言うべきだ」と訴える。12年に誕生した第2次安倍政権が生産調整（減反）の廃止などを打ち出したことを挙げ、「農政が大きく変わるきっかけが生まれた」と一定の評価を下す一方、改革は道半ばとの見方を示し、令和に取り組む重要課題として農地を含む土地制度を挙げた。

◇食管法、農協法、農地法のトライアングル
――平成の農政をどうみているか。

平成の前に昭和があり、平成だけを切り取るのは難しい。戦後の農政をざっと振り返ると、食糧管理法と農業協同組合法、農地法があり、1961（昭和36）年に制定された農業基本法がある。特に、食管法、農協法、農地法はトライアングルとして戦後農政の根幹だった。

日本が高度経済成長期に入ると、国民の食生活が大きく変化する一方で、経済協力開発機構（OECD）に加盟するなど国際社会の一員となった。これにより、国際社会のルールと整合性を取る必要が出てきた。ケネディ・ラウンドや東京ラウンド、日米農産物交渉があり、その後に出てきたのがGATT（関税貿易一般協定）ウルグアイ・ラウンド交渉で、自由化圧力に対して価格安定などいろんな政策対応を迫られた。日本経済が成長を続ける中で農村では兼業化が進み、農家所得は兼業所得と農業所得で確保され、都市よりも高い状態になった。しかし、過疎化が進み、今では集落そのものが消滅することも起きている。

農政については、総合農政の推進として、量から質への転換と規模拡大を目指した。畜産や果樹、野菜では質への転換に成功し、土地利用型のコメや麦では規模拡大が課題となった。稲作では、八郎潟に大潟村が誕生したのが64年だった。この頃からコメが過剰基調に入り、生産調整（減

反）が71年から本格化した。

◇タブーだった農地問題

農政審議会が80年に「80年代の農政の基本方向」を公表し、日本型食生活や食料安全保障を打ち出したが、対応しきれなかった。89（平成元）年に「今後の米政策及び米管理の方向」を出し、自主流通米の価格形成の場ができて、需給と品質に応じた価格形成が導入された。

92年には、GATTウルグアイ・ラウンド交渉が続く中、「新しい食料・農業・農村政策の方向」を出した。「新政策」と言われるもので、農政審議会でなく、省内で検討した。交渉が続いていたので、コメ問題には手をつけられず、農地問題もこの頃はまだタブーだった。

86年に始まったGATTウルグアイ・ラウンド交渉は、新政策を打ち出した翌年（93年）に実質的に決着した。コメ以外の全ての農産物は関税化したが、コメでは特例措置を導入した。いわゆるミニマムアクセス（最低輸入量）が3～5％でなく4～8％に加重された。しかも、交渉が始まってから3年間（86～88年）の国内消費量がベースとなったから、今でも77万トンだ。当時は消費が1200万～1300万トンあったが、今は700万トンだからアクセス量は実質10％以上だ。

◇急ごしらえのウルグアイ・ラウンド対策

合意を受け入れたのが細川政権で、その後自社さの政権に代わり、ウルグアイ・ラウンド対策が打たれた。この対策は、交渉が決着した後に考えたものだ。6年間の対策費は総額6兆100億円だが、よく「金ありき」と批判された。積み上げて政策的な裏付けがあったわけではないのは事実だ。ただ、これによって基盤整備がそれなりに進んだとは思う。大きな構造政策がなかなかできなかったと批判されているが、実際そうだったと思う。その後、新しい食糧法が95年に施行され、新たな米政策大綱が97年に出された。このような大綱はこの後も何度か出ている。93年にコメが大不作となったことで、価格が上がり、コメ消費を大幅に減退させた。

新政策の絡みでは、認定農業者制度ができて、これが一つの核になって経営が進んでいく。稲作経営安定対策が出るのが98年だった。経営というものに着目したのがこの頃で、備蓄運営ルールもこの頃にできた。備蓄のためにしかコメを買わないというものだ。当たり前のことだが、コメの需要に応じた生産をするということにもなった。

もう一つのトピックが、(98年に決定された) コメの関税措置への切り替えだった。特例措置を関税措置に切り替えて、ミニマムアクセスが最終的に8%になるところを7・2%にとどめた。それが新しい農政への転換の一つだった。

ウルグアイ・ラウンドの受け入れを発表する細川護熙首相 (93年12月、時事)

◇動き鈍い農業団体

それをさらに進めるため、食料・農業・農村基本法が99年にできた。これは、GATTウルグアイ・ラウンドの時に政策を用意して対応できなかったという反省もある。今度は政策を用意して新しい世界貿易機関（WTO）交渉に臨むということで基本法を作った。食料の安定供給、多面的機能の発揮、農業の持続的な発展、農村の振興という四つの基本理念があった。

もう一つ大事なこととして、自民党が新たな農業経営安定対策についての提言を2000年の暮れに出した。松岡利勝氏が小委員長だった。これに基づいて省内で検討を始めるが、経営を単位とする政策ができないということで見送りとなった。

私は01年1月の省庁再編を機に退官するが、その後BSE（牛海面状脳症）が発生して役所の大混乱を招いた。この頃にもう一つ大事だと思うのが、02年1月に発足した「生産調整に関する研究会」(生源寺眞一座長) だ。私は、コメの問題だから座長は農業団体から出すべきだと主張したが、できなかった。それなら座長代理を農業団体から出すべきだと主張したが、これも拒否された。結局、私が座長代理にならざるを得なかった。農業団体は委員としては入ったが、本来なら座長か座長代理として自分たちの問題として生産調整の問題に取り組むべきだった。

◇農水省もゼロ回答

研究会は役所を抜きにして議論を積み重ね、現地視察も行った。このとき描いたのは、需要に見合ったあるべきコメづくりの姿だった。ある意味当たり前のことだ。自主的、主体的生産調整への転換、要するに生産者と生産者団体が自ら考えて生産調整をするという今やっているような話だ。もう一つは、自民党の松岡小委員長の提言を実現するという意味で、経営所得安定対策を実現すべきだということだ。

それに加え、農地制度の抜本改革、地域政策の確立といったものをラージパッケージで出すべきだと提言した。工程表を提示する必要性も指摘した。しかし、具体的対応を求めた宿題の答えとして農水省からは何も出てくることはなく、やっとでてきたのが、02年のコメ政策改革大綱で（生産しない面積でなく生産する面積を割り当てる）ポジ配分を「5年後をめどに農業者団体による主体的、自主的な生産調整に移行する」というものだった。ラージパッケージについては何もやれないと押し返された。

◇BSEで農水省のガバナンスが低下

——なぜ農水省は動かなかったのか。

省内のガバナンスが働かなかったのだろう。本来なら官房や次官がこういう問題を引っ張らないといけないが、できなかった。ＢＳＥの影響が大きかったと思う。もう一つは縦割り意識だ。コメは食糧庁の問題なのに、何で農地制度の抜本改革や経営安定対策も合わせて検討しなければならないのかという意識があったのではないか。官房や次官が動けばできないはずがないが、おそらくＢＳＥ問題で大混乱だったのだろう。

私が退官後に農地制度の抜本改革を主張すると、「現役の時にやれば良かったのでは」とマスコミからもやゆされたが、実際は次官にそんなに大きな力はない。しかし、いろんなことを束ねる力はある。だから、議論を重ねて次官が主導すれば、できないことはない。新政策を担当した（官房の）企画室長の時に農地制度が問題だと私が言ったときには大反発を受けて潰された。そのぐらい農地問題はタブーで、私が次官を辞める頃もほぼタブーだった。そういう縦割りの中では、よほどの力が働かなければ、なかなか実現できない。

◇現場適応力を失った農地制度

――企画室長時代、農地制度のどういう改革を目指したのか。

その頃に耕作放棄地が20万ヘクタールぐらい出ていた。農地法は耕作者が自ら農地を所有するのが最も適正だと認めているから、

耕作放棄地面積の推移

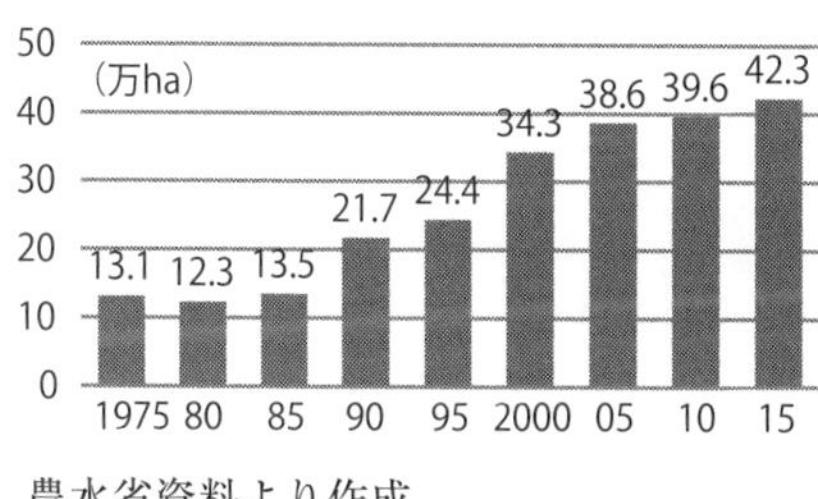

農水省資料より作成

耕作放棄地が出るはずはない。しかし、実際に20万ヘクタールも出ていたのは、農地制度そのものが現場適応力を失っていたからだ。だから、所有から利用に転換するべきだということだ。

その時に農地を担当していた部署から出てきたのは、農地制度が悪いのではなく、作る物がないということだった。しかし、それは違うだろう。その人には作るものがなくても、その農地を使って作りたい人が他にいるはずだ。結局、「官房は株式会社の農地所有を認めることを考えている」というフェイクニュースが出て潰された。政治レベルの議論になる前に、省内で潰された。

◇政治的数字だった6兆100億円

――ウルグアイ・ラウンド対策をどう評価するか。

当時、交渉の中身も状況も伏せられ、漏れることはほとんどなかった。交渉がどうなるかということを前提にした政策の検討は省内で行えなかった。政治もそれを許さなかった。コメは1粒たりとも入れないという状況だった。ウルグアイ・ラウンド対策は6兆100億円となったが、コメを関税化しなかったから、コメそのものについての対策はない。土地基盤整備などはあったが、コメについては、関税化していないから影響はないということだった。

――なぜ6兆100億円だったのか。

単なる政治的数字だった。政治と行政がこのぐらいが相場だろうという相場観から出てきた。

一番金を使うのは土地改良だからそこに多く使われた。理屈もある程度作りやすい。さらに、構造改善ということで、農業構造改善事業にも多く使われた。それが例の温泉施設に使われたりして批判を受けた。構造改革という点できちんとした議論をして6兆100億円ができたわけではない。だから、構造改革に役に立たなかったという批判は甘んじて受けざるを得ない。

◇コメ関税化に転換

――その後、コメの関税化を受け入れた。

GATTウルグアイ・ラウンドの基本的なルールは、交渉が始まった86～88年の間に3％以下しか輸入していないものについては、関税化してもミニマムアクセスとして3～5％を受け入れるというものだった。5年にわたり毎年0・4％ずつ増えていく。ところが、コメは関税化を拒否したから、3～5％でなく、特例措置として4～8％に加重された。WTO協定で5年たったら見直しの交渉が行われることが決まっていたから、特例措置を継続するならば、関心国と交渉して1年以内に決めなければならなかった。

関心国というのは、コメを輸出したい米国やオーストラリアなどだ。おそらくさらに加重される可能性が高いということで、対応を検討した。WTO協定をもう1回勉強し直すということで、党もわれわれも検討を始めた。そうすれば、必ずコメの特例措置問題を議論せざるを得なくなり、利害得失が分かる。その結果、このまま進んだら大変なことになるということで、途中で関税措置に切り替えることになった。それで7・2%になった。

◇消えた「自給率レポート」

――99年に制定された食料・農業・農村基本法に自給率目標の設定が盛り込まれた。

食料・農業・農村基本問題調査会（木村尚三郎会長）でも大きな議論になった。自給率は供給を需要で割った結果の数字であり、それを政治的に使うことになるから、「自給力」という概念がいいのではないかという議論があった。当時私は次官だったが、カロリーベースの自給率が40%前後というこんなに低い状態では、一つの目標として掲げる意味はあるだろうということで最終的に盛り込んだ。ただ、結果の数字であるのは間違いないから、なぜ自給率がこうなっているかをきちんと国民に示すため、「自給率レポート」を同時に示していくことにした。しかし、自給率レポートは私が次官を辞めてからいつの間にか消えてしまった。

農水省では、政策の継続性とかそういうものが皆さんが思う以上に欠けている。人が代わったり、政治に圧力を受けたりすると変えてしまう。私はそれではダメだと思う。もちろん、状況変化に応じて変えるのは良いが、なぜ変えるかをきちんと明らかにするべきだ。しかし、わけの分からないうちに変わってしまう。農水省はそういうことを繰り返してきたと私は感じる。政治との関係が非常に強いこともあるのかもしれないが、政治との関係が強いから変えていいというものではない。政治にも言うべきことはきちんと言うべきだ。

◇農水省は行政責任の自覚を

――政治の影響力は強かったか。

これはやむを得ないところがある。これを形作ったのは、食管制度、農協制度、農地制度のトライアングルだと私は考えている。戦後の食糧難の時代には、この仕組みはすばらしく良い仕組みだった。主食のコメを集荷するのは、全て農協がやってくれる。価格は政治が決めてくれる。だから政治を利用するということになる。そういう意識はまだDNAのように残っている。しかし、状況を一番よく知っているのは農水省だ。いろんなデータが集まってくるから、それを分析検証して、言うべきことははっきりと言うべきだ。

議論した結果、政治側から「そこまで急進的なことをやると大変だからここにとどめてくれ」と言われれば、しょうがない。政治と行政は政策づくりのパートナーだ。その限りで政治と向き合えば良い。もっと緊張感を持って向き合うべきだ。パートナーだから絶対につき合わなければならないが、つき合うということは、言うべきことははっきりと言い、議論することが必要だ。政治側からすれば「何だ」と思うようなことでも、データをきちんと分析検証してきちんと議論するべきだ。今でも不十分だ。行政の責任をもっと深刻に考えるべきだ。

◇潰された石破農政

――01年に世界貿易機関（WTO）の新多角的貿易交渉（ドーハ・ラウンド）が始まった。

シアトルで失敗し、ドーハで立ち上げられたが、カンクンで失敗し、漂流してしまった。そういう中で、2国間や多国間の自由貿易協定（FTA）や経済連携協定（EPA）の流れが加速した。しかし、日本にはWTOが本命で、WTOで勝負するというのがあって出遅れた。EPAはまず農業問題がほとんどないシンガポールとの間で02年に発効し、その後スピードアップしている。

この頃は国際環境が大きく変化する中で、農政も大きく変わらなければならない段階に入った。それが石破農政だったが、結果論から言うと石破農政は潰された。

石破茂氏が農林水産相に就任したのは08年9月。しかし、不幸なことに3カ月ほどは事故米の不正転売問題の処理に追われ、改革の体制が固まったのは翌年1月だった。私は当時黒子的に動いていたが、農政改革のために6大臣会合（農政改革関係閣僚会合）を設置した。

◇6大臣会合で改革を議論

食料・農業・農村基本法の制定にあわせて首相官邸に食料・農業・農村政策推進本部が置かれていたが、全閣僚がメンバーなので、ここで農政改革を議論したらまとまるはずがない。経済財政諮問会議もあったが、農水相は臨時で参加することはあっても常時のメンバーではない。そこで農政改革のためだけに諮問会議と連携した6大臣会合を設置して、その下に特命チームを置き、そこでは農水省が主導権を握った。

ところが、選挙が近いということで、自民党が生産調整の見直しに反対するようになった。米価対策として生産調整をこのまま続けるというのが自民党の主流になってしまった。ある意味外堀を埋められてしまった。

◇09年6月3日の諮問会議で改革断念

これに対し、6大臣会合決定が09年4月に出され、これをベースに経済財政諮問会議で「骨太の方針」に入れて巻き返そうということになった。6大臣会合決定には、担い手の育成・確保や農地問題、コメの生産調整問題などが盛り込まれた。生産調整研究会で目指したラージパッケージ的なものを入れ込むことができて、6月3日の諮問会議で民間議員ペーパーとして提案されたが、党との調整で落とされた。もう政府は諦めるということで、それ以上押せなかった。この時が政府の敗北宣言。農政改革をここで断念した。

09年6月3日の諮問会議であいさつする麻生太郎首相（右から2人目）。右が与謝野馨経財相（時事）

——07年の参院選で自民党が大敗し、09年夏の衆院選で政権交代が現実味を帯びていた。

自民党が強硬だった。うまく行くだろうと思ったら、見事にひっくり返された。6月3日だった。諮問会議が終わり、与謝野馨経済財政担当相に呼ばれて、「残念ながら諦めざるを得ない」という話だった。これが政治、これが現実で、無念とは思ったが、現実は現実だ。この頃は諮問会議のメンバーに対して農業問題を説明し、私なりの考えを申し上げていた。黒子だった。その後、8月30日の総選挙で民主党が大勝し、例の戸別所得補償政策が導入された。

◇マニフェストを実行しなかった民主党政権

——戸別所得補償をどうみていたか。

これはひどい。要するにバラマキそのものだ。唯一評価できるのは、コメを作らせないための生産調整をやめると言ったことだ。飼料用米や加工用米の対策を行い、必要なコメをつくるというのは悪いことではなかった。農地制度については入り口規制を行わないなど格好良いことをマニフェストに書いていた。これは参入は自由だということだ。しかし、実際には何もやらなかった。

民主党はマニフェストには立派なことを書いていたが、ほとんどできなかった。戸別所得補償についても、WTOやFTAのような自由化と両立できると言っていた。しかし、何もやらなかった。民主党が政府と党の一体化と言ったのは悪いことではないが、政治主導の何たるかをきちんと共有しないまま政府に乗り込んできた。政治と行政の関係が決定的におかしくなり、一番迷惑したのが国民だ。結局は決められない政治になり、それが続いたから、安倍政権が誕生することになった。

予算編成もひどかった。何の検証もなく土地改良予算をバッサリと切った。検証して「これは無駄だから」というのならいいが、そうでなく戸別所得補償の予算に回すためだった。東日本大震災への対応はあまりにひどかった。

◇過去の反省生かした安倍政権

――当時、TPP交渉への参加の是非をめぐり大論争が起きた。

私は参加すべきだと言っていた。農水省も反対の雰囲気だった頃から、乗り遅れるなと主張していた。GATTウルグアイ・ラウンドの愚を繰り返してはいけない。自由化反対、関税化反対と言って、本当の意味で検証せずに反対したことによって、ある意味大損した。だから、ルール作りの段階から入らないとダメということだ。

TPP 政府対策本部の前に並ぶ甘利明経済再生相（中央）ら＝13年4月（時事）

――12年12月の衆院選で再び政権交代が起きた。

自公政権となり、安倍晋三内閣が発足した。翌年3月にTPP交渉参加を表明し、緊急経済対策として財政出動と金融緩和と成長戦略の3本の矢を打ち出した。TPP交渉への参加表明とその後の動きは、これまでの反省を十分に踏まえたものだったと思う。GATTウルグアイ・ラウンドの時もWTO交渉の時もそうだったが、司令塔がなく、各省がそれぞれ交渉していた。相手国からみると、誰が最終的な判断をするのか分からない状況だった。これに対し、TPP交渉では経済再生担当相が政府対策本部長となり、その下に首席交渉官と国内調整総括官がいて、日本と欧州連合（EU）とのEPAへの対応を含め、今でも基本的に同じ体制だ。米通商代表部（USTR）のようになっている。各省の利害を調整しながら進める体制ができたのが大きい。

◇官邸主導が確立

農政の問題についても、官邸は「農林水産業・地域の活力創造本部」を設置し、最終的に官邸で全て仕切り、プランを作り、工程表も作った。農水省で工程表を作ってもひっくり返されたり変えられたりして、私は本当に悔しい思い

農林水産業・地域の活力創造本部初会合であいさつする安倍首相。左は林芳正農水相＝13年5月（時事）

を何度もしたが、これは大きな変化だ。このプランに基づいて日本再興戦略が作られ、ＫＰＩ（主要業績評価指標）で検証され、基本的な方向は変わっていない。やっと政策の一貫性が担保される仕組みができたと言ってもいい。私の無念さを晴らしてくれるやり方だ。

農政の大改革が始まり、農地中間管理機構や生産調整の廃止などが打ち出され、今後も一つ一つ実行されていくだろう。中身に全く問題がないわけではないが、言ったことはそれなりに実行している。農水省が自分だけで決めたプランなら政治がひっくり返すことができるが、再興戦略の工程表をひっくり返すことはできない。

◇タブーでなくなった農地の議論

自民党の農林部会でも、部会の中で汗をかいた人が部会長になるのではなく、小泉進次郎氏や斎藤健氏らが部会長になっている。なぜこういう変化が起きているかというと、それだけ農業現場が疲弊しているからだろう。一番の圧力団体である農協もその実態を無視できず、現実にそれを一番感じているのではないか。

平成を振り返ると、農政が大きく変わるきっかけが生まれ、それが一定の市民権を得たということだ。農地問題がタブーだった頃、「経営」という言葉も反発を生んだが、今は完全に市民権を持っている。農地制度の議論もタブーでなくなった。食糧管理法を廃止して食糧法を作ったように、農地法もいったん全部廃止して新しい仕組みを作った方が分かりやすいし、いずれそういう時が来るだろう。農地制度だけでなく土地制度全体の仕組みが現場に対応できていない。令和の時代にはそこにいつ手を付けるかということになるだろう。

――農協改革をどう評価するか。

一つの通過点だろう。成果がないとは言わないが、この先の変化に対応できるのかということを、農協陣営は客観的なデータを用いて自ら検証すべきだ。そうすれば、いろいろ必要なミッションが見えてくるだろう。

――コメの生産調整はどうか。

生産調整は実質的に残っているが、大事なのは国が生産目標を定めなくなったということだ。これはもう後戻りできない。今の延長線上に解がないのは間違いない。国が生産数量目標を定めないということをベースにいろんなことができるはずだ。現場からいろいろな動きが起こってくると思う。

◇輸出を「増やす」でなく「増える」状況を

――貿易自由化と食料自給は両立するか。

両立する。食料自給は農業生産の供給力の問題なので、これが強くなければ、どんなに守っても自給率はどんどん下がっていく。守り方を抜本的に変え、本当の意味で強くなれば、生産力を維持できる。だから自民党も2000年に40万経営体と言っていた。農地のような経営資源は自由に使えるようにすべきだ。

――政府は輸出を1兆円に増やす目標を掲げている。

「輸出を増やす」のでなく、「輸出が増える」状態を作らなければならない。今は輸出を増やすということで、政府が補助金をつけたりしてやっている。一つの過渡期の状況であって、本来は増やすのではなく内発的に増える状況を作らなければならない。それによって所得が増える状況を作らなければならない。

規制緩和で農林水産業が破壊

鈴木宣弘・東京大学大学院教授

鈴木　宣弘（すずき　のぶひろ）

1982年東京大学農学部卒業、同年農林水産省入省。国際部、統計情報部、関東農政局係長を経て、88年研究職に移る。96年同省農業総合研究所・研究交流科長、98年九州大学農学部助教授、2004年同大学大学院農学研究院教授、06年東京大学大学院農学生命科学研究科教授。食料・農業・農村政策審議会の会長代理や企画部会長、畜産部会長、農業共済部会長も務めた。〔主な著書〕「食の戦争」（文藝春秋）「悪夢の食卓」（角川書店）「亡国の漁業権開放」（筑波書房）など

平成の30年間では、貿易自由化や食糧管理制度の廃止、企業の農業参入促進など規制緩和が進んだ。東京大学大学院の鈴木宣弘教授は、行き過ぎた規制緩和により「農林水産業の役割が平成の間にどんどん壊された」と語り、令和ではセーフティーネット（安全網）を拡充して立て直すべきだとの考えを示した。農業は安全・安心な食料を供給し、環境や国土を保全する特別な産業だとして、「皆で支え合う考え方が重要だ」と強調した。

◇農業が企業のもうけ道具に

――平成の農政をどうみているか。

どんどん悪くなった。私は農林水産省に15年いた。農水省は、農林水産業の発展を目指し、農山漁村や農林水産業を守り、消費者に安心・安全な食料を提供するという使命で頑張ってきた。そうした農林水産業の役割が、平成の間にどんどん壊された。農水省もつらかった。

一番の問題は、規制緩和という名目の特定企業への便宜供与だ。規制を撤廃し、貿易を自由化し、イコールフッティングで競争条件を同一にすれば、皆が競って発展できるという名目だった。その中で、農業は人々の命を守り、環境を守り、国土を守る特別な産業であるという考え方が間違っていて、企業のもうけの道具にできるかどうかという観点で、他の産業と同じだという考え方が徹底された。

特に最近の10年がひどい。資金力のある大企業が政権と結びつき、自分たちに有利なルールを作ろうとする。それが規制緩和と貿易自由化だ。平成の最後には日本の農林水産業の土台を破壊する政策がそろってしまった。

総合規制改革会議の初会合で、宮内義彦議長（オリックス会長）に諮問する小泉純一郎首相＝01年5月(時事)

◇当事者が農政の蚊帳の外に
――農業の担い手が減る中で、企業の農業参入にプラス面はないか。

企業によるだろう。きちんと地元の発展を考えて、一緒にやろうという企業なら当然良い。しかし、「今だけ金だけ自分だけ」という考えで、私腹を肥やすために、自分たちに都合の良いルールを作り、地域で頑張ってきた人たちを破壊することが起こっている。これは許されないということだ。

農業政策は大手町と霞が関と永田町で決められてきた。以前は、大手町は全国農業協同組合中央会（ＪＡ全中）、霞が関は農水省、永田町は自民党農林族だった。食料・農業・農村政策審議会の企画部会長や畜産部会長を務めたことがあるが、部会長には実質的権限はない。ＪＡ全中と自民党農林族と農水省の３者でギリギリ詰めて、合意できたら「この内容で審議会を通してほしい」と説明を受ける。今は同じ大手町と霞が関と永田町でも、大手町は財界、日本経済団体連合会で、霞が関は経済産業省、永田町は官邸だ。どちらがいいのかという問題はあるが、平成の時代に誰が農政を決めるのか

農政改革関係閣僚会合に臨む麻生太郎首相（右）と石破農水相＝09年１月（時事）

という構図が完全に変わってしまった。「当事者」が蚊帳の外に置かれてしまった。

◇反対が多かったFTA

——1993年のウルグアイ・ラウンド交渉の実質合意、2001年からの世界貿易機関（WTO）の新多角的貿易交渉（ドーハ・ラウンド）、その後の自由貿易協定（FTA）など、平成では貿易自由化が進んだ。

農水省も日本全体もそうだったが、最初はFTAでなくWTOで少しずつ対応していく路線だった。FTAは基本的に関税を撤廃し、特定の国だけを優遇するわけだから、貿易をゆがめる。だから、こんなものをやってはいけないと、政府や国際経済学者でも反対が多かった。

しかし、WTO交渉は先進国と途上国の対立で動かなくなり、FTAにかじを切った。国際経済学者も手のひら返しになった。農水省は最初、本当に頑張って抵抗した。オーストラリアやニュージーランドや米国とFTAを結んだら日本の農業はひとたまりもないということで何とか頑張ろうとしたけれども、オーストラリアと結び、11カ国で環太平洋連携協定（TPP）も結び、今度は日米貿易協定交渉だ。平成の最初の段階で絶対にやってはいけないと言われていたことを全て実行している。多くの農水省職員やOBにとっては断腸の思いだ。重要5品目を除外する国会決議も守られなかったが、コメなどの被害を最小限に食い止めるために農水官僚が必死に頑張ったのは確かだ。

◇民主党政権で規模拡大一辺倒に歯止め

――09年に発足した「農政改革関係閣僚会合」でアドバイザリーメンバーとなった。

石破茂農水相の時だ。石破氏は私が書いた「現代の食料・農業問題――誤解から打開へ」（創森社）を買って読んでくれていて、この内容を基に農政改革を進めたいということだった。

私が提案する農政改革は、切り捨てではない。仮にコメの貿易が自由化されても、農家が持ちこたえられるように、市場価格と必要なコストの差額を全部補填する米国型の不足払い制度だ。私の計量モデルを農水省に持ち込んで試算作業が行われた。石破氏が退任前に公表した提案（米政策の第2次シミュレーション結果と米政策改革の方向）では、市場価格と必要なコストの差額を全部補填する案が盛り込まれ、民主党の戸別所得補償制度より完璧な差額補填の仕組みが最も良いという内容になっている。こういうものを出そうとした背景には、民主党が戸別所得補償制度という考え方を既に出していたから、それ以上のものを出さなければならないということもあったと思う。それで私の案を基に提案を出した。

07年に導入された（支援対象を大規模農家に絞る）品目横断的経営安定対策が地域では受け入れられず、農業現場の疲弊をみれば単に大きな農家だけを支援するだけでは持たなくなっていることを石破氏は認識していたと思う。（09年に誕生した）民主党政権がその方向に一度かじを切り、平成農政の流れが変わりそうになった。家族農業経営でなく巨大経営を育成すれば良いという規模拡大路線に一度歯止めがかかりそうになったが、民主党政権は短期間で終わり、揺れ戻しが激しかった。（12年末に発足した）第2次安倍政権は民主党政権の政策を全否定し、規模拡大路線、企業参入一辺倒になってしまった。自給率がどんどん下がり、生産が縮小する構造、脆弱化した生産構造が如実になってきた。

――戸別所得補償制度はバラマキだと批判された。

バラマキではない。仮に（水田10アール当たり）2万円で補填したのなら大変だが、1万4000円だった。差額補填が問題になるのはレベルだ。戸別所得補償では平均かそれより低いレベルしか補填しておらず、全ての人にとってプラスが出るような差額補填ではない。補填の水準によってバラマキでない政策にできる。

――兼業農家を支援対象から除外し、専業農家に絞れという意見も多かった。

規模の大小でなく、専業度や農業依存度の高さに応じて線引きできないかというのが私の主張だった。そうい

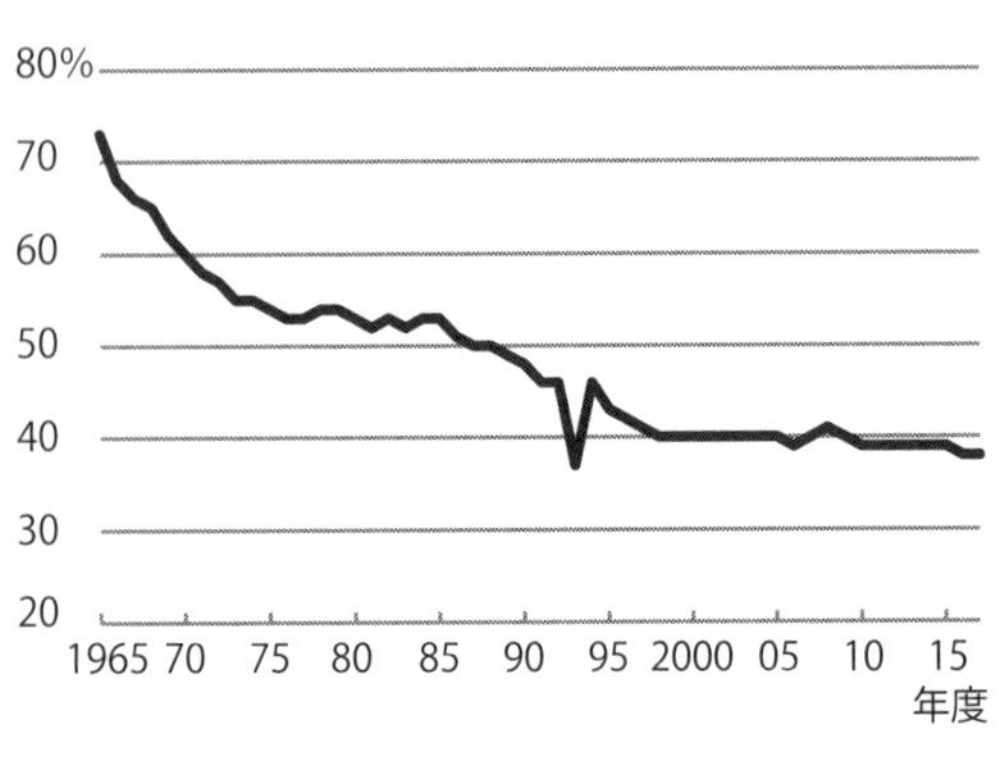

農水省資料より作成

う仕組みは入っていないので、課題として残った。

◇具体策のない自給率目標

――食料・農業・農村政策審議会の企画部会長として携わった10年からの基本計画では、カロリーベースの食料自給率目標を45％から50％に引き上げた。

当時、私は50％に引き上げる決意は良いが、どうやって実現するのか具体策をきちんと議論して盛り込むべきだと主張した。どういう政策を組み合わせ、どれだけのコストが掛かり、どれだけのメリットがあるのか、具体策を出さないで50％を実現できるわけがない。実現のスケジュールや可能性をきちんと示さなければ目標になり得ない、夢のような目標をアドバルーンのようなものにして打ち上げるのはダメだと言っていたが、時間が足りなかった。（民主党政権では）前政権より夢の持てる流れにしていこうというのが強かったが、やや拙速になってしまった。

――その後、目標は45％に引き下げられたが、具体策は今も示されていない。

もう示さないだろう。示しても意味がない。誰も自給率を上げようと思っていないし、上がるわけがない。これだけ企業優遇や規模拡大路線と言っていて、一部の巨大企業が入ってくるだけだ。貿易自由化をさらに進めるわけだから輸入が増える。いずれ自給率が10％や20％に下がることは皆感覚的に分かっている。誰も自給率のことを言わなくなった。農政において自給率が死語になったのが平成の総仕上げだ。だから、食料自給力という考え方が言われるようになってきた。自給率が低くても、自給力を温存しておけば良いという議論になっている。

◇自給力指標には疑問

しかし、食料自給力というのは、不測の事態が生じたら、要するにイモを食べるということだ。イモをいろんなところに植えて、イモを増産して数年しのげばカロリーは何とかなるという考えだ。担い手の確保とかそういうことでなく、ただイモを増やす、それで一時しのぎをするということだ。それは戦時中どうしのぐかというような話で、そんな自給力で良いのかというのが私の考えだ。

——自給できなくても海外から輸入すれば良いという考えもある。

08年の食料危機はトウモロコシがきっかけだったが、コメでも輸出規制が行われた。日本では問題にならなかったが、暴動が起きた国もある。不測の事態になれば意図的な輸出規制も怖いけれども、自国民を守るために輸出規制が行われる可能性もある。能天気に「輸出規制を規制すればいい」という意見もあるが、自国民が飢えるような状況でそんなことができるわけがない。食料をある程度自国でまかなっていくことが必要だ。今より自給率を上げるのは簡単ではないと思うが、これ以上下げるわけにはいかないだろう。今は外国から輸入できているから大丈夫だというのは、国民を守ることにはならない。

◇「黄色の政策」を他国は温存

——ここまで自給率が低下し、農業生産が減少したのはなぜだと考えるか。

国内政策でセーフティーネットを縮小したことと、貿易自由化を進めたことだ。国内政策が変更されたのはウルグアイ・ラウンドの決定に基づいている。（価格支持などを）「黄色の政策（AMS）」として、国内政策にも縛りがかかった。黄色の政策はやめなければならないというのが日本政府の判断で、1995年の食糧管理法の廃止によりコメの政府買い入れは基本的にやめて、今は備蓄米で少し残っているだけだ。2000年に不足払い法（加工原料乳生産者補給金等暫定措置法）を改正し、酪農の保証価格制度もやめた。日本が守ってきた価格支持的な政策をどんどんやめたのは大きかった。

黄色の政策は削減していくべき政策であって、やめなければならないものではない。だから、米国やカナダなど多くの国は必要なものは必要だとして今でも温存している。欧州連合（EU）は価格支持をやめて直接支払いに切り替えたと紹介されているが、間違いだ。価格支持政策を温存して、支持価格を下げた分を直接支払いに置き換えたというのが正しい。日本政府は、やれと言われている以上に率先して取り組めば国際交渉で有利になると言っていたが、やればやったでもっとやれと言われるだけだ。農水省の戦略は私には理解できなかった。

◇再検討を迫られる飼料米助成

――コメの生産調整（減反）政策の見直しをどう評価するか。

生産調整はやめるべきだと私はずっと言ってきた。どれだけ生産するかは経営者にとって重要な経営判断で、それに縛りをかけるのは経営者にとってとてもつらいことだ。意思に反してそこまでやるのは農業の発展にとってマイナスになるというのが私の考え方だ。適地適作により、おいしいコメができるところで増産し、そうでないところは違う用途に回すなど、補助金で誘導してコメが余らないようにしていくべきだ。生産調整を廃止する代わりに、適切な補填をすることにより、過剰生産を抑制するためにどういう政策が必要かという議論をしてきた。

減反を廃止して価格を下げれば、多くの農家が農業をやめなければならなくなり、大きな影響が出る。そこは自然に任せるのではなく、主食用米より他の用途にした方がやや有利になるような補填を組み合わせるべきだ。

――飼料用米への助成が多すぎるとの指摘もある。

このままでは持たなくなる。飼料用米の振興は重要だ。しかし、主食用米の生産を支える機能が不十分になっている。しかも、膨大な財政負担が必要だ。さらに、畜産の生産量が減り、エサを食べる家畜が少なくなるから、この政策は回らない。持続可能な飼料米振興策の再検討が必要だ。

◇皆で支え合う農業を
――令和農政には何が求められるか。

最低限のセーフティーネットとして、意欲を持って頑張っている農家が現状の規模でもいいから農業を続けられるように、家族農業経営がそれなりに存在して地域のにぎわいが取り戻せるようにする仕組みが必要だ。一部の人が周りから収奪して、「今だけ金だけ自分だけ」の考え方で当面をしのぐのではなく、全体が支え合いながら持続できるような仕組みだ。政策だけでなく、皆の考え方も変えなければならない。日本では「今だけ金だけ自分だけ」の風潮が強くて、農産物も買いたたきの構造が強く、小売りによる川上への圧力が強い。消費者も安ければ良いと思っている。川上に負担をかけすぎて、持たなくなる段階に来ている。このままでは、気がついたら食べるものがなくなってしまう。その前に皆で支え合い、近江商人ではないが、「売り手良し、買い手良し、世間良し」の三方良しの考え方が重要だ。

カナダでは1リットルの牛乳が300円もする。それでも誰も高いとは言わない。生産者も小売りも適正なマージンを取り、消費者もそれでいいと考えている。皆が十分な分配を得て、経済や社会が持続できるようなシステムだ。生産から消費まで支え合うネットワーク構築にそれぞれの立場で参画すれば、一部に負担をかけて皆が泥船に乗って沈んでいくような仕組みから脱却できるだろう。

減反廃止はフェイクニュース、令和で真の改革を

山下一仁・キヤノングローバル戦略研究所研究主幹

山下　一仁（やました　かずひと）

キヤノングローバル戦略研究所研究主幹兼経済産業研究所上席研究員。東京大学法学部卒業、ミシガン大学行政学修士、同大学応用経済学修士、東京大学農学博士。1977年農林省（現農林水産省）に入り、交渉調整官、ガット室長、地域振興課長、食糧庁総務課長、国際部参事官、農村振興局整備部長、農村振興局次長などを経て2008年退職。

〔主な著書〕「TPPが日本農業を強くする」（日本経済新聞出版社）「『亡国農政』の終焉」（ベスト新書）「いま蘇る柳田國男の農政改革」（新潮選書）など

平成の農政改革の成果として、政府は主食用米の生産数量目標の設定をやめたことで、「生産調整（減反）を廃止した」とアピールする。これに対し、山下一仁・キヤノングローバル戦略研究所研究主幹は、「減反廃止とは転作補助金を廃止することだ」と強調。転作補助金はむしろ増えていることを指摘し、「減反廃止はフェイクニュースだ」と反論する。令和の課題として、本当の減反廃止を行い、主業農家への農地集積や輸出競争力拡大といった改革を実現すべきだと訴えた。

◇自由化対策から始まった平成農政

——平成農政をどうみているか。

自由化対策から平成が始まったと言っていい。日米農産物交渉が１９８８（昭和63）年に合意され、牛肉はうまく処理した。輸入数量制限を関税化したが、これはＧＡＴＴ（関税貿易一般協定）のウルグアイ・ラウンド交渉の関税化のモデルとなった。関税率は初年度の91（平成３）年度が70％、次年度が60％、3年目が50％で、その後はウルグアイ・ラウンド交渉の結果、38・5％になった。毎年１０００億円ほどの牛肉関税収入を国内の畜産対策に使うことにした。しかし、累計で２・５兆円も使いながら体質強化につながらなかった。

次の大きな出来事がウルグアイ・ラウンド交渉だ。86年に始まり、実質的に終わったのが93年12月15日だった。なぜ日にちまで覚えているかというと、私自身がピーター・サザーランドＧＡＴＴ事務局長が木づちを振り下ろして終結宣言をしたその場にいたからだ。

私はコメの関税化の特例措置や農業協定の最終ドラフト交渉を担当した。関税化すれば、ミニマムアクセス（最低輸入量）は基準年となる

ウルグアイ・ラウンド最終合意案を採択するサザーランドＧＡＴＴ事務局長＝93年12月15日、スイス・ジュネーブ（AFP＝時事）

1986〜88年の消費量に対して初年度3％、6年後に5％になる。しかし、（関税化しない）特例措置を受けるのなら、何らかの代償を払わなければならないのがGATTのルールだった。それでミニマムアクセスを初年度に4％、6年目に8％にすると約束した。途中で関税化に移行すると、毎年の伸びが0・8％でなく0・4％になるため、今は7・2％、77万トンとなっている。

◇コメは特例措置から関税化へ

最初から関税化すれば5％のミニマムアクセスで済んだ。その方が有利だったが、関税化に絶対反対というのが農業界の意見だったので、無視できなかった。いったんは特例措置にしたものの、途中でミニマムアクセスの加重に耐えきれなくなって関税化したということだ。

――最初は8％で良いと考えたのに、なぜ途中で切り替えたのか。

そもそも冷静に考えると関税化の特例措置の方が不利益だった。関税化しても、ものすごく高い関税をかけるから、関税を払って輸入するのはほとんどゼロだ。実質的に輸入するのはミニマムアクセスしかないので、これが小さいほうがよい。これに農業界が気が付くまで時間がかかったということだろう。

ウルグアイ・ラウンド合意を受け入れる際に、ミニマムアクセスは国内の需給に影響しないという閣議了解が行われた。77万トン輸入するが、同量を国が買い上げるので、コメの需給に影響は与えない、減反を強化しなくてよいということだった。

しかし、買い上げた77万トンを処理するために膨大な財政負担が生じるという問題があった。援助用に売却するには、援助要請がなければならず、それまで保管しなければならない。その保管がまずくて後に問題となったのが（保管中に汚染されたコメが不正転売された）事故米だ。

私は交渉をやっていて、国内対策には全く関係しなかったが、この時には6兆100億円の国内対策が問題となった。6兆100億円は、積み上げではなく、政治で決められた。ウルグアイ・ラウンド合意を受け入れたのは非自民の細川政権だったが、自民党農林族は「政権に復帰したら国内対策をしっかりやる」と言っていた。実際に復帰したらその通りのことを行った。これは本来やるべき対策ではなかった。

◇体質強化のチャンス失う

ミニマムアクセス米が入っても、隔離すると言っているわけだから、国内のコメに全く影響はない。しかし、いろいろな公共事業などを行った。体質を強化するのなら良かったが、集落排水とか本来関係のないようなことをやっていった。公共事業でないが、例の温泉ランドも作った。基盤整備や体質強化にもっと使っておくべきだった。あの時、そのチャンスを一つ失った。予算を獲得するときは役人の手柄になるので一生懸命にやるが、お金を有効に使って立派な効果をあげようとするインセンティブは少ない。周りもこれを真剣に検証しようともしない。

環太平洋連携協定（ＴＰＰ）でもそうだが、国内に影響はないということで合意しておきながら、国内対策を打つのは矛盾している。国内対策を行うのであれば、農水省は細川内閣の時にしっかり検討して大蔵省（現財務省）に予算要求しておくべきだった。それをしなかったということは、農水省として国内対策は必要ないと考えていたのだろう。

◇当初は減反に反対した農協

ウルグアイ・ラウンドの結果、輸入制度を変えなければならなくなり、95年に食糧管理法を廃止し、価格支持効果を持った政府買い入れ制度がなくなった。食管制度の高米価政策で60年代後半にはコメの過剰在庫を抱え、大変な財政負担をして処分した。そこで、減反のために補助金を出して麦や大豆を作らせ、コメの生産を減らして政府買い入れを減らす方が財政的に有利だということで70年に減反政策が始まった。これは過剰米処理を事前に行うことだった。

当時、減反を推進したのは大蔵省で、農業団体は全量政府買い上げを主張し、減反に反対していた。これまで増産と言っておきながら、なぜ減反なのかと国を突き上げていた。しかし、食管制度が廃止されると減反が唯一の米価支持政策となり、大蔵省と農業団体の立場が入れ変わってしまった。大蔵省としては減反補助金なんてもう出したくないが、農業団体にとっては米価維持のため減反維持が至上命令となり、今に至っている。

◇農業団体にアメとムチを用意

――99年に食料・農業・農村基本法が制定された。

三つの柱があった。一つが食料自給率の向上で、もう一つが農地取得に道を開くこと、もう一つが中山間地域への直接支払いだ。私は中山間の直接支払いの制度設計と実施、与党・政府部内の調整、すべてに関わった。当時の農水省幹部が私に言ったのは、「三つのうち二つは農業団体に対するアメ玉だ」ということだ。食料自給率向上目標と中山間地域直接支払いはアメで、株式会社の農業参入はムチ、苦い薬だということだった。苦い薬を一つ飲ませる代わりに、アメを二つ用意したということだ。

農地法は「耕作者＝所有者」という考え方だが、株式会社の場合には耕作者が従業員で所有者が株主となるから、この等号が成立しないため認めてこなかった。ところが、財界から「株式会社を排除するのはおかしい」と言われ、農水省としても応じざるを得ない気持ちになっていた。ただ、いろいろ制限を加えて農家が法人成りしたような場合に限ることにした。

◇WTO交渉は漂流、FTAが加速

――2001年に世界貿易機関の新多角的貿易交渉（ドーハ・ラウンド）が立ち上がった。

ドーハ・ラウンドの開始と同時に中国がWTOに加盟した。これによって途上国の力がさらに強くなった。ウルグアイ・ラウンド交渉までは大国意識の強いインドとブラジルがよく反対したが、この2カ国だけならまだよかった。

（WTO本部がある）ジュネーブでよく言われていたのが、「WTOを国連のようにすべきでない」ということだった。国連ではさまざまな意見が出され、何か望ましい一定の方向に進むことが難しくなっていたからだ。しかし、WTOに中国が参加すると、インドもブラジルも力を得たような形になり、貿易の自由化に後ろ向きの力が加わるようになった。

03年のメキシコ・カンクンの閣僚会議に先立ち、米国と欧州連合（EU）が農業分野で100％の上限関税率を設けることで実質合意した。ウルグアイ・ラウンドまでなら米国とEUが合意したらそれで終わりだった。しかし、ブラジルがノーと言い始め、インドや中国もそれに乗った。それまでの意思決定のやり方が通用しなくなり、ドーハ・ラウンドは漂流した。

WTO加盟文書に署名する中国の代表者＝01年11月、カタール・ドーハ（AFP＝時事）

これと並行して、2国間で自由貿易協定（FTA）を推進する動きが出てきた。日本も、農産物輸出を行っている国ではないということで最初にシンガポールと02年に結び、次いでメキシコなどとも締結した。03年ごろはWTOとしてもFTAはすべての国を同等に扱う最恵国待遇の例外だと否定的な見方が多かった。しかし、ドーハ・ラウンドが停滞して何も決められなくなると、セカンドベストだという考えに変わっていった。

◇民主党農政は「山下案」からバラマキへ

——09年に民主党政権が誕生した。

私が00年に出版した「WTOと農政改革」（食料・農業政策研究センター）をある民主党有力議員の秘書が丹念に読んでくれた。01年の参院選の民主党選挙公約に「コメの減反は選択制とする」「所得政策の対象を専業的農家」とすると書いてあり、03年のマニフェストに「食料の安定生産・安定供給を担う農業経営体を対象に直接支援・直接支払制度を導入する」と書いてある。これが民主党の農業政策の始まりだが、最初は「減反を廃止して米価を下げ、主業農家に限定して直接支払いを交付する」という山下案だった。

その後、対象を主業農家に絞るということが除外され、バラマキになってしまった。07年の参院選で民主党が勝利し、戸別所得補償法案を作った。このとき、減反廃止が削除され、減反を維持した上で、つまり米価を下げないで戸別所得補償を行うことになってしまった。

民主党が政権を取る前の（08年9月に就任した）石破茂農水相はいろいろなことをやろうとしたけれども、結局頓挫した。やっぱり減反は必要だということで、自民党が石破農政に乗らなかった。石破氏は減反の選択制を打ち出したが、後の民主党の政策も生産目標数量を達成すれば戸別所得補償を交付するもので減反の選択制だ。減反をはっきりやめるのなら筋は通ったが、穏健派の研究者の意見を聞いてしまったのか、中途半端なものになってしまった。

◇安倍首相が「減反廃止」を表明

（12年に）自公政権が復帰した後は、戸別所得補償が廃止され、これとリンクしていた生産目標数量の配分も廃止した。そのかわりエサ用米の減反補助金を大幅に拡充して減反を強化した。しかし、安倍晋三首相が生産目標数量の配分の廃止をとらえて減反廃止だと言い、40年間誰もできなかったことをやったのだと国内外でぶち上げた

このフェイクニュースにだまされた某主要紙はいまだに減反廃止と言っている。さらに減反を廃止したのに米価が下がらないのはおかしいというとんちんかんな記事を書いている。減反廃止とは転作補助金を廃止することだ。今では私が「減反を廃止すべきだ」と言うと、報道番組のキャスターから「減反は廃止されたはずではないですか」などと言われる。農政の最大論点を隠してしまった安倍官邸を私は絶対に許せない。減反は必要だとする農水省は所信表明演説などでこの表現を使うことに反対したはずだが、官邸が押さえこんだに違いない。

◇中身乏しい安倍政権の農政改革

――政府の輸出拡大計画をどうみるか。

評価しない。輸出を増やすのは良いのだが、輸出が増えないのは、価格競争力がないからだ。最も輸出できるコメの価格を高くしているのは減反政策だ。農水省は輸入については「日本の農産物は価格競争力がないから高い関税が必要だ」と主張するが、輸出では価格競争力に触れずに「日本産は品質が良いから高くても売れる」と言う。日本の農産物の品質が高く価格で競争する必要がないのなら、輸入で高い関税は必要ない。輸入も輸出も貿易の異なる局面に過ぎない。国内価格が安ければ輸出されるし、高ければ輸入される。農水省は支離滅裂だ。減反を廃止して価格を下げてコメを大量に生産して輸出すべきだ。コメだけで1兆5000億円の輸出ができる。

――第2次安倍政権の農政をどう評価するか。

大きなことはやっていない。改革だ改革だと言う割には中身がない。農協改革として農協に手をつけたのは良いことだが、県中央会には手を付けなかったし、現に農協の政治的行動は一切変化していない。全国農業協同組合連合会（JA全農）の株式会社化は株式会社への選択の道を開くというだけで、実際には株式会社化しないだろう。准組合員問題は何も進まないだろう。本来、肥料や農薬を共同購入して農家に安く提供するために作ったのが農協だ。それなのに、高い資材を売りつけて販売手数料を稼ぐというあってはいけないことをずっとやってきた。それを国に言われて改革していると言うのは意識レベルがおかしい。

◇減反廃止し水田活用を

——令和の農政では何が求められるのか。

端的に言って減反廃止だ。なぜ農協改革が必要かというのも、農協が減反に反対しているからだ。農協は経済組織であると同時に政治組織でもあるという世界にない異常な組織だ。これが減反の維持に関心を持つのは、米価を高く維持して、兼業農家を多く滞留させ、その兼業収入などを預金として日本第2位のメガバンクに発展したからだ。農水省は、水田の多面的機能のことを持ち出し、「水田は素晴らしい」と言いながら、水田を水田として使わない減反政策を半世紀も続けてきた。米価を高く維持するためだ。そこから早く脱却してもらいたい。70年に減反を始めた時は「緊急避難的なもの」という意識をみんなが持っていたはずだ。まさか50年も続くとは思っていなかっただろう。当時の政策担当者たちは、そもそもは食管制度を守るために始めた減反政策が、食管制度が廃止された後も続くとは想定しなかったに違いない。

遺伝子組み換えのメリット、世界で理解

山根精一郎・アグリシーズ社長（元日本モンサント社長）

山根　精一郎（やまね　せいいちろう）

東京大学理学部生物学科卒業、東京大学農学博士。１９７６年日本モンサントに入り、生物研究部長、バイオテクノロジー部長、テクノロジー本部長、副社長を経て、２００２年7月〜17年3月社長。同年4月アグリシーズを設立し、社長に就任した。

農業生産性を高める「救世主」として登場した遺伝子組み換え作物。１９９６（平成8）年に米国で商業栽培が始まると、大豆やトウモロコシを中心に世界各地で急速に普及し、20年余りで全世界の栽培面積は日本の国土面積の5倍に拡大した。日本は家畜の餌や食用油の材料として大量に輸入し、世界有数の消費国となった半面、国内栽培は観賞用の青いバラだけといういびつな状態になった。山根精一郎・アグリシーズ社長（元日本モンサント社長）は「世界全体で考えると、遺伝子組み換えのメリットが理解され、実証されたのが平成の30年間だ」と振り返る一方、「日本政府には遺伝子組み換え技術を導入して農業の生産性を向上させるという強い意志が感じられなかった」と指摘した。

◇当初は日本でも期待高まる

――日本モンサントではどんな取り組みをしてきたのか。

私は76年に入社し、最初は除草剤の研究などをしていた。90年代の早い時期に、米国のモンサント本社で遺伝子組み換え技術に触れ、この技術は農業を活性化し、生産性を高めるために非常に大事だと強く感じた。雑草や害虫を簡単に防除できるし、機能性を高めることもできて、農業を革新していく技術だという認識を得た。

93年に日本モンサントにバイオテクノロジー部を新設し、輸入許可の取得業務と同時に、日本農業での利用可能性を検討した。実際に米国で96年に大豆やトウモロコシが商品化されると、96年冬に認可が得られ、その後、米国で開発された遺伝子組み換え作物が輸入され、日本の食料確保に貢献してきた。

99年ごろから日本の生産者の中でも、米国での話を聞き、「試験栽培してみたい」という声が出てきた。試験栽培を希望する生産者（バイオ作物懇話会）に実際に試験栽培してもらうと、「すごい技術だ」「これで雑草防除が全く問題でなくなる」と、皆さん期待を持ってくれた。

◇反対派がトラクターで試験農場を破壊

しかし、2000年代初め、茨城県で大豆の試験栽培をしていた農場を、反対派の生産者がトラクターで潰す事件が起きた。生産者は警察に被害届を出したが、結局は誰も逮捕されず、うやむやになってしまった。遺伝子組み換え作物の栽培は難しいという雰囲気になり、生産者の意欲が落ちてしまい、残念な結果となった。

私の基本的な考え方は、この技術は農業を振興していくために欠かせない技術だということだ。実際に米国では大豆やトウモロコシの9割以上が遺伝子組み換えだ。いろいろなメリットがあるからそうなった。そのメリットを日本も享受できるようになってほしい。

――当時、反対派はどういう主張をしたのか。

「安全性を確認できないから栽培は認められない」ということだった。実際には国から安全性の認可が出ているので、安全性には問題なく、栽培して何の問題も生じることはない。このことは海外での栽培で十分に分かっていることだった。しかし、絶対反対という人はそういう意見を聞こうとせず、対話ができなかった。

◇大豆とテンサイ農家に期待強く

今でも、北海道のテンサイの生産者の中には遺伝子組み換えテンサイを使いたいという強い声がある。テンサイでは雑草防除が一番の問題で、米国では全て除草剤耐性の遺伝子組み換えだ。そういう情報を日本のテンサイ生産者も知っている。テンサイの作付面積は減ってきているが、雑草防除の大変さがその一つの要因だ。ラウンドアップを1回まけば雑草が全て枯れる上、コストダウンもできる。北海道では条例で規制されているが、何とか試験栽培を認めてもらうよう働き掛けを続けている。

大豆の状況も同じだ。生産者がいつも言うのは、米国から輸入する大豆の9割以上は遺伝子組み換え大豆で、われわれは既に食べているのに、なぜ栽培をしてはいけないのかということだ。消費者団体は、遺伝子組み換え作物が本当に危険だと考えるのなら、なぜ輸入を止めようとしないのかも不思議だ。

◇国は情報提供活動の継続を

農業政策を決めるのは国会だが、遺伝子組み換え技術を支援しても票にはなりにくいので、政治家の支援が受けにくく、農業政策に遺伝子組み換え作物は入っていない。

日本政府は、遺伝子組み換えを導入して農業の生産性向上を図ろうという強い意志を示してこなかった。原子力なら、国はエネルギー政策上維持するというはっきりした意志があるが、遺伝子組み換えには、まだそうした国の意志が見えない。米国では、当初から国がこの技術は必要だとはっきり言っている。日本と同じように心配する声は米国にもあるが、不安をなくすために国がきちんと安全性評価の仕組みなどを説明してきた。

日本の農林水産省はずっと国民への情報提供活動を行ってきたが、(09年に)民主党政権になったとき、こうした情報提供活動に予算が付かなくなり、できなくなったと聞いている。その後の政権交代で、こうした情報提供活動は再度行われるようになってきた。この活動が続き、国民の理解が進むことは、遺伝子組み換え作物を農業政策に入れるのに重要と考える。

◇「遺伝子組み換えでない」表示が不安を増殖

――遺伝子組み換え食品への表示が01年から義務付けられた。

遺伝子組み換え食品について、心配だから知りたい、避けたいという意見があるが、それは消費者の知る権利として妥当な考え方だと思う。しかし、「遺伝子組み換えでない」という表示が一斉に出てしまった。そういう表示を見た消費者は、わざわざ書いてあるのだから遺伝子組み換え食品は危ないと思うようになってしまった。

一部の大手スーパーは（遺伝子組み換えを含む可能性がある）「遺伝子組み換え不分別」と表示した商品を売っているが、売り上げが減っているわけではないようだ。バイテク情報普及会によると、17年の遺伝子組み換え作物の輸入量は1800万トンを超え、コメの国内生産量の2倍以上だ。それを直接的、間接的に日本人は食べている。こうした現実をもっと知ってほしい。

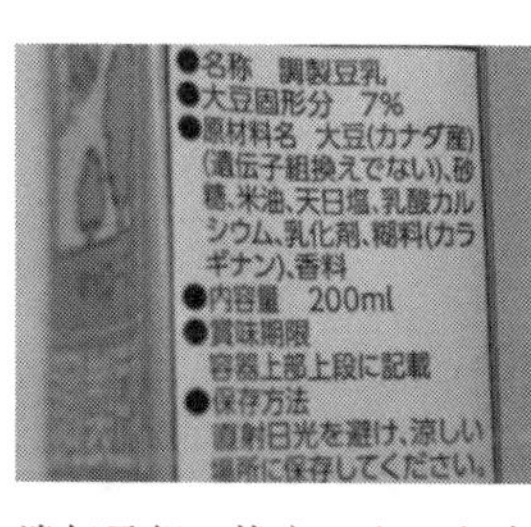

遺伝子組み換えでないと表示された豆乳

――欧州では遺伝子組み換え作物はほとんど栽培されていない。

政治の中で遺伝子組み換え作物をうまく利用していると言える。反対することで、米国から農産物を輸入しないようにしている。米国産は安くて質が良いから、それを止めるためだ。しかし、ブラジルから遺伝子組み換え大豆を大量に輸入し、家畜の餌として使っており、矛盾している。欧州は食料自給率が高いからそういうことが可能だが、日本が穀物の輸入をやめたら食料がなくなってしまう。欧州と日本の食料事情の違いを理解せず、「欧州がやっているから日本も同じようにすれば良い」と主張するのでは解決は生まれない。

◇遺伝子組み換えイネから撤退

――日本モンサントはかつて日本で遺伝子組み換えのイネを開発した。

昔はやっていたが、今はやっていない。日本では野菜の種子は自由競争の世界だが、コメの種子市場は民間に必ずしもオープンになっておらず、利益を出すのが難しい。技術を開発しても、リターンが取れない市場とも言える。（遺伝子組み換えである）ラウンドアップレディーのイネは直播（じかまき）をした時に雑草防除を確実に行うというメリットがあるが、市場性からみると厳しいものがある。その後、従来育種で直播用の「とねのめぐみ」を開発し、茨城県の第三セクターに種子販売をお願いした。この第三セクターは「民間育種の品種が市場に入っていくのは大変難しい状況で、悪戦苦闘していて、市場の難しさを感じている」と言っている。

――コメや麦、大豆の生産を都道府県に義務付ける主要農産物種子法が18年に廃止された。

種子法が廃止されたといっても、今、とねのめぐみを扱っていて感じるのは、奨励品種や産地品種銘柄のように、他にもいろいろなクリアしなければいけない制度があるということだ。それぞれの県にはその県が開発した品種があるので、民間育種の品種はまず奨励品種に採用されない。産地品種銘柄になるのもなかなか難しい。稲作を本当に振興したいのなら、こうした制度を廃止して、生産者が生産性向上に役立つ自分に合ったコメ品種を自由に選べるようにすることが大事だと考える。

◇自由競争ができない日本市場

――種子法廃止を機に、欧米の種子メーカーが日本進出を加速するとの見方もある。

企業はビジネスをするために存在している以上、ビジネスになるならやる。しかし、コメの種子販売に関して、日本がビジネスになるだけの自由競争ができる市場かといえば、そうではない。自由競争をさせないためにさまざまな制度で守られている。生産者が生産したいものを生産できるようにするのか、国や県が生産するものを決めて生産者を縛るのか、どちらが日本農業の振興に役立つのかをよく考えてほしい。生産者が自分で考えて、自分のやりたいようにやって利益を上げられるようにしないと、日本農業に競争力はつかない。

民主党政権が戸別所得補償制度でばらまいた結果、「補助金が出るなら貸し出していた農地を返してくれ」と、ものすごい貸しはがしが起きた。私はあの政策は間違っていたと思う。それによって日本農業の発展が10年以上遅れてしまった。稲作は単位面積当たりの収益が低く、規模拡大をしなければ収益性を高められないと考えるが、なかなか農地の流動化が進まない。過激だと言われるかもしれないが、流動化を進めるために農地をいったん国有化して分配していくという方向も考えることが必要なのではないか。

◇輸入しても栽培できない日本

——改めて平成を振り返ってほしい。

日本だけでなく世界全体で考えると、遺伝子組み換えのメリットが理解されたのが平成の30年間だ。栽培面積は96年の170万ヘクタールから100倍以上も増えた。これだけのペースで伸びた農業技術は他にない。この現実をしっかりと見ないといけない。やはり農業に役立つ技術であり、生産者は是非使いたいと考えているということだ。

振り返って日本を見ると、非常に遅れている。大豆

遺伝子組み換え作物の栽培面積の推移

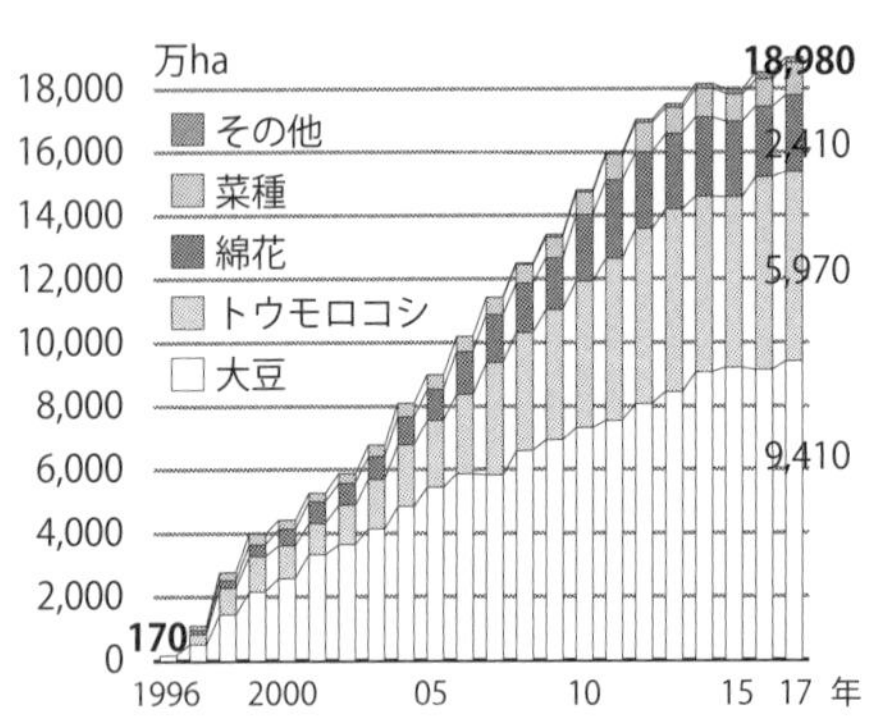

国際アグリバイオ事業団（ISAAA）資料より作成

やトウモロコシは日本ではマイナーな作物なので、メリットが生産者に見えにくいところがあり、政治を動かす力になっていない。その結果、コメの年間生産量の2倍以上の遺伝子組み換え作物を輸入し、直接、間接に食べているのに栽培ができないという非常にアンバランスな状況が生じている。そのギャップがどんどん広がってきたのが平成の30年だ。また、世界での急速な人口増加の中で、日本が食料を確保するためには、世界全体の穀物の収穫量が大きく増加することが必要だ。遺伝子組み換え作物は収穫量増加に大きく貢献しており、間接的に日本の食料確保に貢献している面も持つことを一人でも多くの方に知ってほしい。

◇花粉米の商品化目指す

――令和ではどうすべきか。

遺伝子組み換え作物を農業の中で何とか活用していきたい。一つは、とりあえず試験栽培をしてそのメリットを理解したいという生産者と一緒に活動して、何とか試験栽培ができるようにしたい。生産者がメリットを理解すれば、その声が多くの方に伝わって行くと考える。

もう一つはスギ花粉米だ。スギ花粉症の人は、こういうものがあるのなら今すぐにでも食べたいと言ってくれる。スギ花粉

日本モンサントの遺伝子組み換え作物の試験農場＝2018年8月、茨城県河内町

米が世に出てくれば、メリットを感じられるようになり、遺伝子組み換え作物はおどろおどろしいものではなく、不安を生じるものではないと理解してもらえるだろう。スギ花粉米と同じ原理でエビやカニやソバなどのアレルギーも克服できるようになる。

ただ、スギ花粉米が医薬品か食品かという問題がある。仮に食品として出せるならば、データを集めたりした上で、最も早ければ4年先には可能性がある。商品化され、遺伝子組み換え作物のメリットを消費者が実感できると、考え方が変わり、いろいろなものが商品化されるようになることを期待している。

――最初の遺伝子組み換え作物が除草剤耐性だったのが良くなかったのでは。

米国ではそういうものだったからこそメリットを感じた生産者がすぐに飛びついた。米国の農業にとってのメリットは大きかったが、確かに日本ではなぜ米国の利益となるものを食べなければならないのかという感覚はあっただろう。日本にとって間接的には食料安全保障につながるが、食料安保は目に見えないので、日本ではメリットを実感できなかったのだろう。

◇ゲノム編集の規制は最低限に

――ゲノム編集技術をどうみているか。

うまく受け入れられれば、遺伝子組み換えが受け入れられる素地になるだろう。今の流れを見ていると、食品に関しても、環境に関しても、科学的な安全性評価の観点から規制が考えられており、この流れでどんどん進めてほしい。

遺伝子組み換え作物の場合、大企業しかやっていないのは、規制をクリアするためのデータ作りに巨額の資金が必要となるからだ。だから、大学や中小企業では難しく、商業化しようとすれば、大手に持って行くしかない。これに対し、ゲノム編集は、遺伝子組み換えに比べると簡単に使えるので、中小の種苗会社も使えるようにしなければならない。

安全性評価のために必要以上のデータが要求されれば、コストが掛かり、中小の種苗会社は使えなくなってしまい、この技術は死んでしまう。規制は科学的な観点から行うべきで、今の流れはその方向に向かっていると感じている。生産者や消費者にとって役に立つものができることを期待している。

国際化で前進、カロリー自給率目標は誤り

渡辺好明・元農林水産事務次官

渡辺　好明（わたなべ　よしあき）

1968年東京教育大学卒業、同年農林省入省。86年通商産業省農水産課長、93年農林水産省官房企画室長、95年林野庁林政部長、96年環境庁水質保全局長、98年農水省構造改善局長、2001年水産庁長官を経て、02年1月〜04年1月農林水産事務次官。小泉内閣の首相補佐官（郵政民営化担当）、東京穀物商品取引所理事長・社長を経て、現在は新潟食料農業大学学長、全国農地保有合理化協会会長。

渡辺好明・元農林水産事務次官（現新潟食料農業大学学長、全国農地保有合理化協会会長）は、「平成は国際化の時代」だったと総括する一方、カロリーベースの自給率目標を絶対視したのが「間違いの始まりだった」と指摘し、令和では新たな政策目標を導入するよう訴えた。無駄な公共事業とも批判された諫早湾干拓事業（長崎県）については「もっと丁寧な説明が必要だった」と語った。

◇輸入も輸出もする時代に

――平成30年間を振り返ってほしい。

進んだり下がったりしながらも、少しずつは前に進んでいるのではないか。一歩前進、半歩後退ぐらいを繰り返しながら、ここまでたどり着いた。

前進したのは国際化だ。昭和の終わりから、米国による農産物12品目のGATT（関税・貿易一般協定）への提訴、日米の牛肉オレンジ交渉があり、第3段階としてウルグアイ・ラウンドがあった。自由化や国際化の流れに気づいた人とそうでない人に業界も官界も分かれた。このままではジリ貧になるとしっかり気がついていたのが、亡くなった京谷昭夫氏（元事務次官）だ。牛肉の関税化をいち早く決断し、米国に高い関税を受け入れさせて、その関税を特定の用途に使うことになった。後にBSE（牛海綿状脳症）を処理する際にも財源となり、現在の農畜産業振興機構の原資にもなっている。

当時、京谷氏は畜産局長で、私は通商産業省（現経済産業省）の農水産課長として農林水産省を見ていた。農産物について、日本は輸入制限を行い、国内で足りない分だけを輸入するのを基本としていたが、時代は「輸入をしながら輸出もする」方向に変わったことを教えられた。

◇頂点に君臨した食糧庁

ウルグアイ・ラウンドでは、コメにこだわって、結局、大損をした。自由化に断固反対し、特例措置としてミニマムアクセス（最低輸入量）の上積みを認めざるをえなかった。特例措置でほくそ笑んだのは米国だ。政治に振り回されていると、大事なことを見失ってしまう。

なお、ウルグアイ・ラウンド対策費の6兆100億円は、評判が悪いが、決して根拠のない数字ではない。土地改良長期計画の進展率が非常に悪かったが、通常ペースに少し近づいた。他省庁の公共事業と比べても、進捗率が突出してはいない。

――農業団体は「コメは一粒たりとも入れるな」と主張していた。

農業団体は時代が変わっていく先を見る目がないし、見たくないのだろう。大成功するかもしれないが、失敗するかもしれないし、リスクを取りたくないからだ。ただ、同じ全農（全国農業協同組合連合会）でも「競争は避けられないし賛成だ」という人もいた。

コメ市場開放反対の総決起大会で気勢を上げる農業者ら＝93年12月、東京（時事）

――農水省内では意見の違いはなかったか。

しばしば「6階」「2階」「3階」という言葉が使われていた。6階が食糧庁、2階が生産調整を担当する農産園芸局、3階が官房だ。人事の妙で、大体どのポストも6階の方が年次は上だった。先輩と後輩の関係があるから、年次の圧力が働くようになる。伝統的にそのような人事配置がなされてきた。食糧管理の役割が小さくなってきていたのに食糧庁が頂点で一番偉いとしたところに間違いがあったのだと思う。

◇消費が高度化すればカロリー自給率は低下

――食料・農業・農村基本法が1999年に制定された。

私は環境庁（現環境省）の水質保全局長から（98年7月に）農水省の構造改善局長となり、新基本法の国会審議に引っ張り出された。新基本法にはよくできているところと悪いところがある。良い方としては、中山間地域問題が挙げられる。中山間地域が持つ多面的機能を維持して地域社会が健全に発展していけるように、生産条件等の不利を補正することが新基本法に盛り込まれ、「直接支払い」の根拠が与えられた。

自給率目標については不満だ。国土面積が狭く、かつ消費が高度化する国ほどカロリーベースの自給率は下がるのが自然だ。高い消費水準に合わせて輸入ができるだけの経済力があるのを多としなければならない。大蔵省（現財務省）から金を引っ張ってくるために、農水省が「日本の自給率はこんなに低い」と言って独自に算出したカロリーベース自給率を絶対視したのが間違いの始まりだった。

また、構造改善局長としては、農地法について、これまでタブーだった株式会社形態の法人に農地所有を認めた。戦後の自作農主義から耕作者主義へと時代は少しずつ動いていた。もう一つは農業者年金問題だ。当時の農業者年金は1人が2・6人を支えている状況だったので、このままでは破綻するということで、賦課方式をやめて積み立て方式に切り替えることにした。いま、農業者年金制度が10万人ベースで、掛け金の半分は国が持つという積み立て方式により安定化していることに安堵(あんど)している。

◇課題残した諫早湾干拓事業

——その後、水産庁長官や事務次官では諫早湾干拓事業やBSE問題の対応に追われた。

諫早湾については、私は不満がある。途中までは農水省と環境庁が仲良くやってきた。諫早湾を干拓するとその地域の環境がどうなるかというアセスメントを環境庁も手伝ってくれた。ところが、(環境庁水質保全局長だった97年4月に)

諫早湾の潮受け堤防で落とされる約300枚の鋼板＝97年4月(時事)

実際に諫早湾を閉め切る際には環境庁に事前通告がなかったため、環境庁は何の準備も協力もできなかった。公共事業と環境、情報の共有・公開の点で、農水省は遅れていると思った。

「ギロチン」とも称されている諫早湾の潮受け堤防は、技術的には最新の手法で、閉め切り後には生活道路になる。しかし、技術の誇りと人に与える影響は違う。ギロチンがバタバタと落ちていく映像を21世紀に向けて残してしまったのは良くなかった。

同じような大規模工事として（旧建設省が推進した）長良川河口堰（三重県）でも反対運動が起こっていた。しかし、長良川河口堰は、閉め切る際の映像や写真を撮らせなかったし、環境団体の要望を受け入れ、リアルタイムに水質データは全て公開だ。その後の悪口は、全て諫早湾に向かってきた。

――そもそも諫早湾干拓は必要だったのか。

農政上の必要性と防災上の必要性がある。当時よく言われたのは、「生産調整をして農地が余っているのに、なぜ農地が必要なのか」ということだった。これは非論理的だ。長崎県には中山間地域が多い。小さくて分散している農地を集めても生産性が高い農業はできない。しかし、諫早湾を閉め切って防災機能を高め、平たんで広い優れた農地を生み出せば、低いコストでの営農が可能になるし、人が定住できるようになる。そのためにも事前のアセスメントが必要だし、業者の得心も必要だった。丁寧に説明しなければならなかった。さらに、潜水、漁船、ノリの3種の漁業の利害が完全に一致するのは極めて困難なことだった。

◇上告しない選択肢は間違い

――現在も裁判が続いている。10年の福岡高裁判決に民主党政権が上告しなかったのが影響している。

あれは間違いだった。国と誰かの争いで済むのならともかく、農業者と漁業者が対立し、漁業者にも何種類かあるものを上告しないという選択肢は間違いだ。ハンセン病訴訟やドミニカ移民訴訟とは違う。

（水産庁長官時の01年3月から）「有明海ノリ不作等第三者委員会」を開き、積極的な漁業振興、地域振興策の提言も行ったが、この委員会には有明海の漁連の関係者も入れて、会議を公開にした。誰が本気で根拠を持って話しているか、意図のある人が誰かということが一目瞭然になるようにした。

その手法が、「ＢＳＥ問題に関する調査検討委員会」につながった。事務次官になってＢＳＥの処理をすることになり、委員会を開くというので、公開で行うようにした。一番大事なのは、報告書原案は農水省の事務局ではなく、委員たちが分担して自分で書いてもらうようにしたことだ。

◇通達、縦割り行政の弊害がＢＳＥで露呈

――ＢＳＥが広がった原因として、肉骨粉の使用禁止を行政指導にとどめたことが批判された。

大きく言えば二つあり、一つは通達行政の時代の終焉（しゅうえん）で、もう一つは各省庁、各部局の縦割り行政だ。通達行政では、昔の次官通達や大臣通達は法律ではないが必ず守られた。コメの生産調整は長い間通達で行っていた。縦割りに関しては、厚生労働省と農水省の行政が縦割りで、厚労省から何か連絡が来ても軽視されたり、ひどいときはほっておかれたりする。これは国の機関だけではなく県でも同じだった。

当時、私が思ったのは、世の中を悪くしているのは、「はず」と「べき」という言葉ということだ。通達を出したから守っている「はず」で、ファクスを送ったから見る「べき」だということだが、忙しいから見ないこともある。こうしたことを続けていると、手遅れになり被害が広がって「がっかり」「がっくり」する。そして、それは繰り返される。豚コレラや口蹄疫、鳥インフルエンザ、コイヘルペスがそうだ。

今回の豚コレラでは、岐阜県が「推定有罪」の考えで対応

家畜伝染病「豚コレラ」に感染した豚が発見された養豚場＝18年9月、岐阜市（時事）

していれば事態の拡大は防げたのではないか。確定しないうちは無罪というのは犯罪の話で、安全の話は違う。最初の段階で出荷を停止していれば、封じ込められたと思っている。

◇まだ残る「クニガクニガ病」

――04年1月に次官を退任し、郵政民営化担当の首相補佐官を経て、東京穀物商品取引所のトップに就いた。

私は次官を退任するときに、幹部に3点を話した。一つは、農政の土俵（対象領域）を広げることだ。今は農業生産額が9兆円、食料消費が76兆円、関連産業を含めた生産額が116兆円だ。この116兆円の人たちの要望や要求に応えないといけない。二つ目は、都市と農村、消費者と生産者は対立するものではないが、どちらかといえば消費者に軸足を置いた方がいいということだ。それを常に考えていれば、食品安全行政の失敗はなかった。最後は、価格支持政策はもうダメだということだ。端的に言えば、直接支払い型の農政だ。価格で支持するのではなく、財政負担で支え、国際市場や国内市場で自由な競争をして、品質の高さで生き残っていくということだ。例えば、今のような高いコメの価格では輸出はどこかで行き詰まる。

改革は進んでいるけれども、だいぶ遅れている。「クニガクニガ病」と「食管症状」は、まだ残存している。「国がやるべきだ」「国が責任を持って」という言葉が必ず出てくるが、それでは前進しない。

◇輸出拡大にコメ先物は不可欠

――農業団体はコメ先物に反対し、大阪堂島商品取引所が申請した試験上場が4回目の延長となった。

先物市場の機能について分かっていないのか、分かりたくないのだろう。大規模農家にとって今必要なのは、ぼろもうけをすることではなく、来年の経営がきちんと回っていくことだ。来年の経営が成り立つかどうかは先物で売りをかけておけば、リスクヘッジとして効く。「ヘッジ会計」も浸透していない。

また、農協はコメの買い取り比率を高めようとしている。自分のリスクで買い取った後、1年間かけて売っていくわけだが、その時のリスクを全部かぶらなければならない。先物市場では、そういうリスクはスペキュレーター（投機家）が取ってくれる。さらに、コメの輸出を増やそうとしているが、輸出する際の値決めを市場で行えば、売り手良し、買い手良しだ。そうでないと、どちらかが得をして、どちらかが損をする。だから、輸出振興にも反する。

今後は（試験上場の期限の）2年を待たず、本上場に向けて真剣に取り組んで勝負に出てもらいたい。20年夏には総合取引所ができる。堂島取引所が単独の農産物市場としてやっていくのなら、コメの取引を増やすしかない。大型の農家やユーザーに使ってもらい、スペキュレーターが参加するのも不可欠だ。

――担い手への農地集積は56％にとどまり、目標の8割を大きく下回る現状をどうみるか。

農地集積は平場ではかなり進んでいるが、中山間地域では、小さく分散している農地をいくら集めてもコストが下がらない。そういうものを純然たる産業政策の対象にして良いのかという問題がある。地域政策として、別の手だてを講じて応援していけばいい。もう一つは、土地改良事業により公的資金も投じて、農地の7割はほ場整備済みだ。そこにターゲットを絞れば、56％という数字にはならない。そのためにも「人・農地プラン」を本格化させ、ターゲットを絞る必要がある。認定農業者制度の見直しと同時並行で行わなければならない。

◇新基本計画に期待

――民主党政権や安倍政権の農政をどう評価するか。

民主党政権の戸別所得補償については、コストは各地域によって差があるから、全国一律に金を配るというのは、ある意味、コスト競争で正しかった。しかし、どの農家にも払うというポピュリズム的な配り方は良くなかった。安倍政権の農業政策は、目標、一貫性、安定性などの点では良いと思う。ただ、障害が出てくれれば、それをカバーしてクリアしていく手法があると良い。代表的なのが地域政策だ。

地域政策と産業政策は「車の両輪」というのが農水省の伝統的主張だが、地域政策の輪の方が小さいと同じところをぐるぐる回る。中山間地域直接支払いを軸に、地域政策をもっと充実させてほしい。

――令和農政の課題は。

まず、今までの政策を総点検することから始めて、時代が変わっていることをもっと意識しなければならない。今度の食料・農業・農村基本計画を楽しみにしている。計画にする以上、目標数値が出てきて、それを達成する手法があり、検証することになる。それをうまく組み立ててくれるかと期待している。

認定農業者について言えば、数だけが目的ではなく、質の問題がある。さらに、何をターゲットにして農地を集積するのかということもある。目標ということでいえば、一番の不満はカロリーベースの食料自給率だ。分子も分母も動くものが目標となり得るのかと思う。

農業の大規模化や合理化は失敗、世界の流れは家族農業

山田正彦・元農林水産相

山田　正彦（やまだ　まさひこ）

元農林水産相、弁護士。1942年長崎県生まれ。早稲田大学法学部卒業後、72年鬼岳牧場を設立（後に譲渡）、75年山田正彦法律事務所を設立した。93年衆議院議員に初当選し、2009年9月農水副大臣に就任し、10年6～9月に農水相を務めた。

〔主な著書〕新刊「売り渡される食の安全」（角川新書）「アメリカも批准できないTPP協定の内容は、こうだった！」（サイゾー）など

2009年9月に誕生した民主党政権は、政権公約に基づき、全てのコメ農家に10アール当たり1万5000円を交付することを柱とする戸別所得補償制度を導入した。ばらまきとの批判も多い中、菅直人内閣で農林水産相を務めた山田正彦氏は「農家にとても喜ばれた」と成果をアピール。「大規模化や合理化、米国型の企業農業は失敗だ」と振り返り、「世界の流れは家族農業だ」と強調した。

◇自らが失政の犠牲者に

――平成を振り返ってほしい。

私は1970年代、29歳のときに長崎県の五島で牧場を開いた。食肉の需要はこれから伸びると考え、国から助成金をもらい、一時は肥育牛を400頭まで育てていた。しかし、石油ショック後に牛の価格は半分に下落し、エサの価格が2倍に上昇した。豚や牛丼屋まで手を広げたが、大失敗した。4億円の借金を抱えることになった。

国に勧められて合理化や大規模化に取り組んだ畜産の仲間が2人自殺した。畜産農家は借金だらけだった。私には弁護士の資格があったから、弁護士の仕事をしながら借金を返済した。悔しかった。大規模化や合理化、米国型の企業農業というのは失敗で、農政は間違っていると思い、(79年に) 衆院選に立候補した。3回落選したが、(93年に) 4回目で初当選し、5期務めることができた。農水相も務めた。

(2010年6月に) 農水相に就任した時、農水省の講堂で大臣訓示を行った。戦後の日本がやってきた大規模化、合理化、米国型の企業農業は大失敗で、その犠牲者は大臣として今ここ

初閣議を終え記念撮影する菅内閣の閣僚ら =2010年6月 (時事)

で話をしている私自身であるという話をした。そして、「これから農政の大転換を行う。家族農業や兼業農家というスタイルの農政に大転換する」という演説をした。

それから戸別所得補償に取り組んだ。それまでの予算の枠内では厳しかったから、土地改良事業を3分の1に減らして財源を生み出した。副大臣と政務官で2週間、毎晩11時ごろまでかけて一つずつ予算の無駄を削っていった。それにより、戸別所得補償を6000億円規模で実施することができ、農家にはとても喜ばれた。まさに欧州型の家族農業、兼業農業、所得補償だ。それを日本で始めることができた。

◇戸別補償のばらまき批判は間違い

しかし、残念ながら、(12年12月に)自公政権に交代すると、後に廃止されてしまった。自公政権は農業基盤の強化に予算をつけていくことになった。先日、岩手県の農協組合長から、「戸別所得補償がなくなり、農業を続ける意欲がなくなった」という話を聞いたばかりだ。

「戸別所得補償制度推進本部」発足で、看板を架ける赤松広隆農水相＝2009年10月（時事）

――戸別所得補償については、ばらまきとか、大規模農家に絞るべきだったとか、農地の貸しはがしを引き起こしたとか、批判も多い。

それは間違いだ。なぜかと言うと、戸別所得補償で一番得をするのは大規模農家だからだ。10アール当たり1万5000円を支払うわけだから、多く作れば作るほど収入が増える。農地の貸しはがしが起こったということも聞いたが、それはそれでいい。

国連食糧農業機関（FAO）は19年から「家族農業の10年」と定めている。FAOは、大規模化や合理化では世界の食料を賄うことができないという結論を出している。世界で十分な食料を生産し、飢えさせないで済むようにするのは家族農業だということだ。食料安全保障のためには、小規模農家がいろんなところでたくさん作っている方がいいということだ。大規模化や合理化を進めれば、農家を借金漬けにしてしまう。小規模農家を大事にするのがFAOの考えだ。

◇大規模化や合理化で大半が失敗

――大規模化や合理化はなぜ駄目なのか。

企業が農業に参入できるようになり、大規模化や合理化で成功している例は日本でもいくつかはある。しかし、ほとんどはうまく行っていない。鶏や豚ではかなり大規模化や合理化が進んでいるが、病気が多く発生し、ケージの中に閉じ込めて飼うことはアニマルウェルフェア（動物福祉）にも反している。不健康なものを人間が食べれば、人間の体にいいわけがない。畜産農家はふん尿処理でも困っている。大規模農場からの土壌流出も問題になっている。

世界の主流は循環型の家族農業だ。世界の流れは、大規模化や合理化ではなく、家族農業や自然農法や有機栽培だ。遺伝子組み換え作物を禁止する動きも広がっている。

――なぜ遺伝子組み換え作物は駄目なのか。日本政府は安全性に問題がないと判断すれば承認している。

遺伝子組み換え食品については、(発がん性を指摘した)フランス・カーン大学のセラリーニ教授の論文がある。

――安全でないのなら、農水相の時に遺伝子組み換え作物の輸入を止めるべきだったのではないか。

当時、農水省では「遺伝子組み換え食品は安全である」と書いたリーフレットがたくさん作成されていた。「従来の品種改良の延長上に過ぎないから安全である」と書いてあった。これは間違いだと言って全て破棄させた。

【セラリーニ論文】
モンサントの遺伝子組み換えトウモロコシを2年間にわたってラットに投与し続けたところ、乳がんや脳下垂体異常などを発症したという論文。フランス・カーン大学のセラリーニ教授が2012年9月、学術誌に発表した。遺伝子組み換え食品による健康被害を指摘したことで、安全性について大きな議論を巻き起こした。
しかし、各地の食品安全当局や研究者から「試験方法が不適切だ」といった批判が相次ぎ、翌年に掲載が取り消された。その後、同氏は同じ内容の論文を別の学術誌に発表している。日本の食品安全委員会は12年11月、「試験内容は不十分だ」として、対象となった遺伝子組み換えトウモロコシの安全審査をやり直す必要はないとの見解を示した。

遺伝子組み換え作物が家畜のエサになっていくのは良くないと考え、飼料用米制度に取り組んだ。米国から遺伝子組み換えのトウモロコシや大豆を買ってエサにする必要はないということだ。10アール当たり8万円の助成金を出したら、飼料用米が一気に増えた。

◇最低限の保護関税は必要

――平成では、ウルグアイ・ラウンドや環太平洋連携協定（TPP）など貿易自由化が進んだ。

食料自給率はカロリーベースで最低でも60％は達成しないといけないと考えている。国家は、国民を外敵の侵略から守ると同時に、国民を飢餓から救い、国民が安心して食料を食べられるようにしなければならない。金持ちだけでなく、貧乏な人も食べられるようにしなければならない。そのためにも、最低限のこととして、食料自給率は60％は必要だ。

もう一つは食の安全だ。国家は安全なものを国民に食べさせる責任がある。これは憲法25条の生存権から来ている。環境も守らなければならない。

環境保全の問題と、食の安全の問題、食料自給率の問題。

「TPPを慎重に考える会」の勉強会で発言する山田正彦前農水相＝2011年10月、東京（時事）

この三つのためにどうしたら良いかと言うと、農家に対する所得補償と保護関税が必要だ。国民が安心して安全で環境にも良いものを食べるためには、関税で守らなければならない。独立国家には関税自主権が必要だというのが私の基本的な考え方だ。だから、関税自主権を侵すようなメガ貿易協定には断固反対だ。

ただ、自由貿易そのものを否定しているわけではない。関税を下げたり柔軟にしたりするのは良い。自由貿易を認めた上で関税自主権は守るべきだ。食の安全と食料自給率と環境保全のために必要最小限度の関税は必要だ。

――TPPでは必要最小限度の関税を守ったと考えるか。

全然守られていない。日本の食料自給率が失われ、食の安全が失われ、国民はこれから大変な目に遭おうとしている。このままでは37％の自給率は瞬く間に30％から20％台に落ちてしまう。私が農水相の時の試算では、14％ぐらいまで落ちる。食の安全についての規制もなくなっていく。

◇日本の食は地方から守る

――令和に何をすべきか。

(都道府県にコメや麦などの生産を義務付ける) 主要農産物種子法が廃止されたが、都道府県レベルで種子条例ができている。種苗法の改正で自家採種が禁止されても、各都道府県で伝統的な固定種を守る制度ができれば、やっていける。ゲノム編集や遺伝子組み換えについても、表示が必要ということを各都道府県や市町村で決めることもできる。それらには法的効力がある。
条例によって地方が国の政策に対抗できる。「日本の食は地方から守る」というのが私の今の気持ちだ。世界の流れはそうなっている。安倍政権や中央官庁では駄目だ。日本だけが逆走している。

――農産物輸出の可能性についてどう考えるか。

韓国は国を挙げて（農薬や化学肥料や遺伝子組み換えを使わない）有機栽培に取り組んでいる。政府の担当者に話を聞いたら、農産物を輸出するためには、有機でないと売れないからということだった。ところが、日本の農水省は有機という考え方が全くないまま輸出と言っている。果物はもっと輸出できるはずだが、みんな農薬だらけだ。輸出が頭打ちになっている原因はそこにある。

畜産は産業化が進展、品質向上の努力を

菱沼毅・元日本畜産物輸出促進協議会理事長

菱沼　毅（ひしぬま　つよし）

日本畜産物輸出促進協議会・日本和牛輸出促進委員会理事、畜産技術協会顧問。岩手大学獣医学部卒業。1965年農林省（現農林水産省）に入り、官房参事官（国際担当）、畜産局経営課長、家畜生産課長、家畜改良センター所長、九州農政局長を経て98年退官。その後、畜産振興事業団（現農畜産業振興機構）副理事長、中央畜産会副会長、日本の畜産ネットワーク事務局長、日本畜産物輸出促進協議会理事長などを歴任した。

平成の間では畜産農家の減少と大規模化が猛烈な勢いで進み、30年余りで1農家当たりの飼養頭数は乳用牛が3倍、肉用牛が5倍、豚は10倍と急増した。農林水産省を経て畜産団体の要職を歴任した菱沼毅・元日本畜産物輸出促進協議会理事長は「国際化でスタートし、国際化で終わったのが平成だった」と振り返る一方、「畜産はかなり産業化が進んだ」と評価した。令和では、畜産農家をこれ以上減らさず生産基盤を維持すると同時に、国際競争力の強化に向けて一段の品質向上に取り組むよう主張した。

◇牛肉自由化の克服が最重要課題に

――畜産の観点から平成30年間をどうみているか。

他の農産品と比較して、畜産は平成の間に産業としてかなり確立した。酪農と肉用牛、養豚、鶏卵、ブロイラーのそれぞれでスピードは少し違うが、それなりに健闘して、かなり産業化が進んだ。いずれもしっかりした需要が後押しした。

一番印象に残っているのは、1988（昭和63）年に日米交渉で牛肉の輸入自由化が合意され、91（平成3）年から実施されたことだ。さらに、2018（平成30）年から19年にかけて、環太平洋連携協定（TPP）、日本と欧州連合（EU）の経済連携協定（EPA）によって国際化が進んだ。国際化でスタートし、国際化で終わったのが平成だった。

畜産で最もインパクトが大きかったのは、1991年の牛肉自由化だ。酪農の母牛からも牛肉は作られるから、

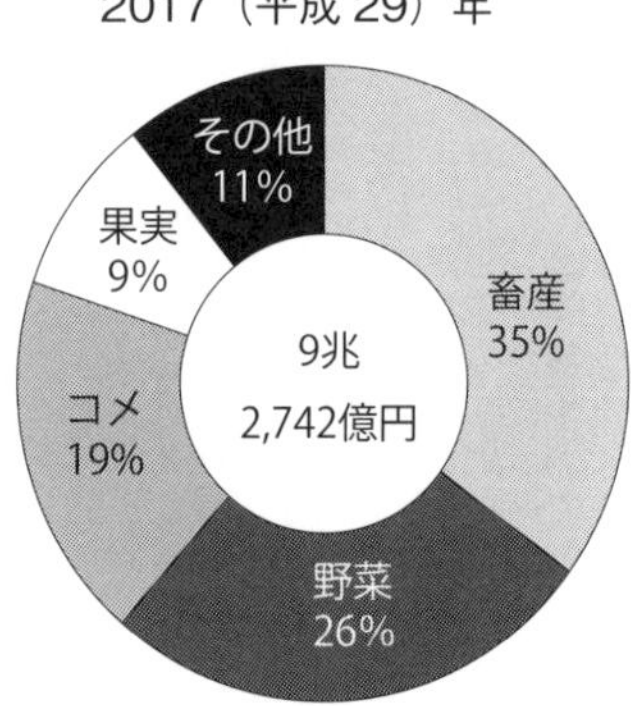

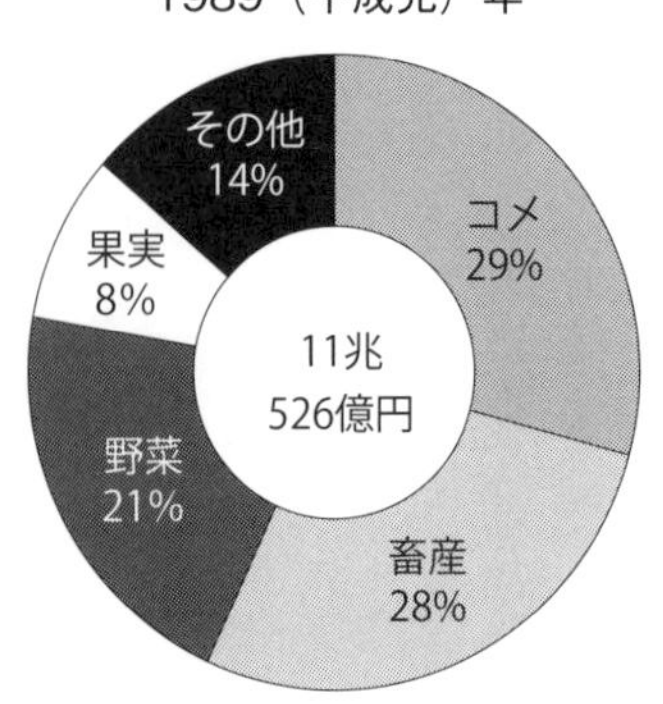

農水省資料より作成

自由化によって牛肉が打撃を受ければ、酪農にも相当な影響が及ぶだろうという危機感があった。当然ながら、（牛肉と競合する）豚肉やブロイラーにも影響が出る。牛肉の自由化をどう乗り越えるか、つまり生産を継続させ、ある程度の価格を維持することが非常に重要な課題となった。

◇おいしい牛肉を安く

政策的な側面では、88年の臨時国会で、いわゆる肉用子牛の不足払い、生産者補給金が法制度化され、牛肉の関税収入を財源にすることが明記された。国会の批准と同時に対策を打ち出したことによって、生産者や関係者の動揺が落ち着いたという印象を持っている。ある程度自由化を乗り切ることができた。

一方で、牛肉を輸出しようという動きも出てきた。輸入牛肉に負けないように品質向上を目指そうと、家畜改良が急速に熱を帯びてきた。おいしい牛肉を安く作ろうという動きが一気に加速した。日本は牛肉については品質で生きていこうということになった。

――ウルグアイ・ラウンドの影響はどうか。

もちろん多少の影響はあったが、畜産に関しては牛肉の自

日米牛肉・オレンジ交渉決着で、仮合意文書に署名する佐藤隆農水相（右）とヤイター米通商代表＝88年6月、東京（時事）

由化を先に行っていたため、畜産以外の部門の方が大きかったのではないか。牛肉関税は91年度の70％から2年目に60％、3年目に50％に下がり、ウルグアイ・ラウンドでは38・5％に引き下げられることになった。乳製品ではカレント・アクセスとして毎年度13万7000トンの輸入が求められ、豚肉の差額関税の引き下げなどいろいろあったが、農水省全体としてはコメや補助金全体の問題の方が大きかったという印象だ。

畜産ではその都度きちんとした制度が作られた。TPP対策で一番大きかったのは、牛と豚の経営安定対策（マルキン）が法制化されたことだ。これがなければ受け入れられなかっただろう。

◇BSEは教訓を残しつつ克服

——BSEなど家畜伝染病が相次いだ。

BSEが発生したのは2001年だった。原因として後に肉骨粉が指摘されたが、当初は定かではなかった。後で振り返ると、肉骨粉を食べさせるべきではなかったということになるが、私は比較的早く収束できたと考えている。

当時、日本が最大限努力したのは、世界初のトレーサビリティー制度だ。BSEを避けられたかは分からないが、乗り越えたとは言えるのではないか。一時は大変で、私もこれで終わりかなとも思ったが、教訓を残しつつ克服したということではないか。BSEのほかにも、口蹄疫や鳥インフルエンザ、豚コレラのように各畜種ごとに病気は起きているが、迅速に対応していくしかない。

ＢＳＥをきっかけに、農水省に消費安全局が新設され、畜産局から衛生関係の業務が一部移管された。それ以前は畜産局で完結し、畜舎からテーブルまでを担当していたが、良い面と悪い面があった。情報や意思疎通がスムーズだったのは良かったと思う。

BSEで消費が落ち込んでいる牛肉などの安全性をアピールしようと、牛肉をほおばる武部勤農水相（右）と坂口力厚生労働相=01年10月、東京（時事）

◇大規模化でコスト削減

――平成の間で生産農家は大きく減少した。

酪農と肉牛の農家は５分の１ぐらいとなり、豚や鶏卵はもっと減った。ブロイラーは畜種別では既に最も自由化、産業化が進んでいたので、あまり変わっていない。

酪農では（北海道以外の）内地の農家が激減した。水田酪農だったから、兼業化が進むに従って減った。小規模で将来に展望が持てなかったから、若い人が残ってくれず、後継者が見つからなかった。生産乳量は減っているが、飲用需要は伸びている。

肉牛や養豚農家も減っているが、基本的に大規模化してコストを下げなければやっていけないということだ。畜種別にそれぞれ特徴はあるが、コストを下げ、斉一性や銘柄を追求しつつ、周りの環境に配慮しながら収入を上げるという命題に取り組まなければならなかった。こういう仕事を敬遠する風潮もあった。

畜産農家を全て合わせて現在は7万戸ぐらいに減ったが、これが限界だ。酪農家の経営規模は欧州を越えている。畜産需要はいずれも伸びており、戸数をこれ以上減らすわけにはいかない。

乳用牛の飼養戸数と1戸当たり頭数

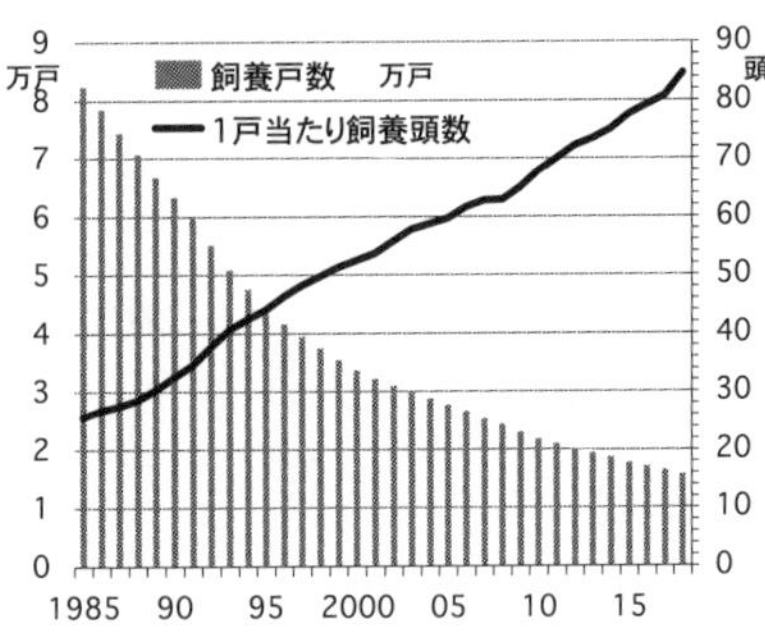

肉用牛の飼養戸数と1戸当たり頭数

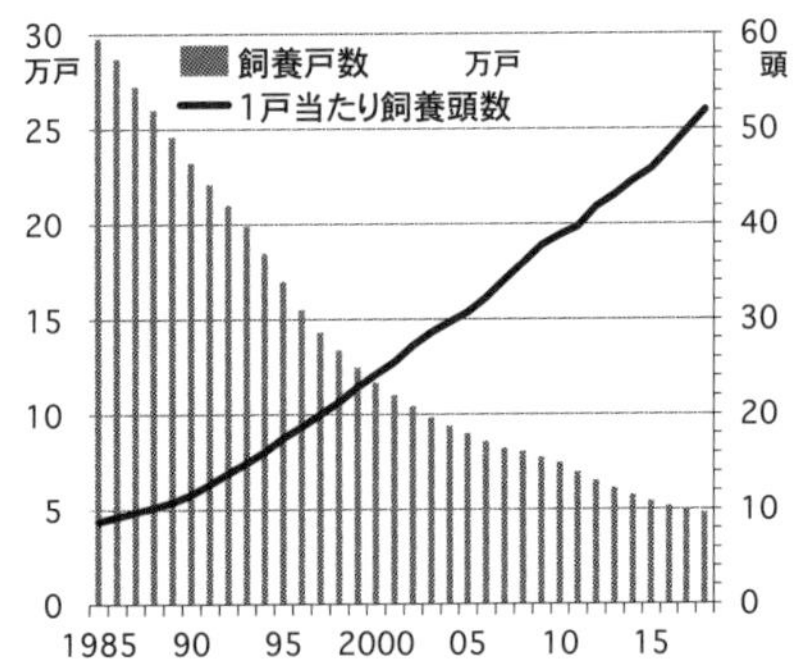

豚の飼養戸数と1戸当たり頭数

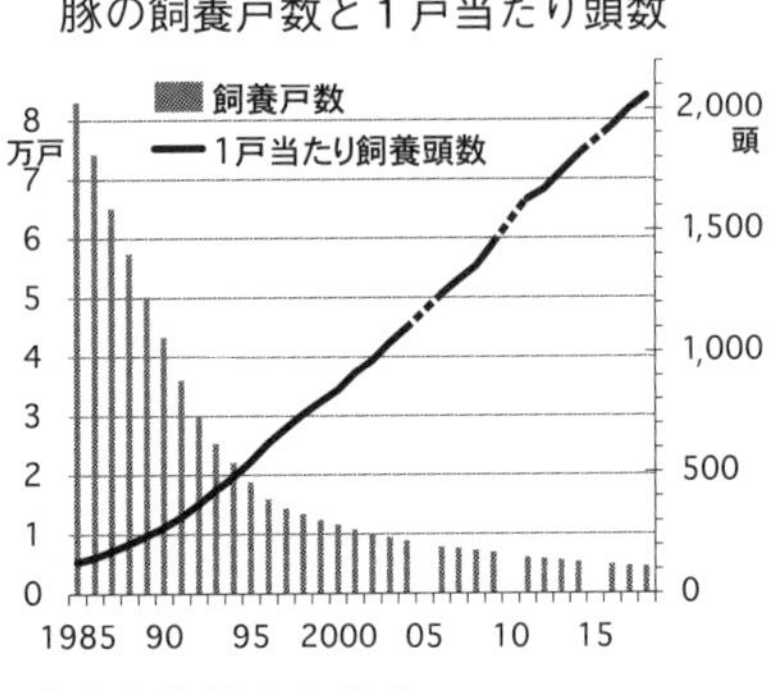

農水省資料より作成

食肉センターなど一工場当たり百人から数百人にも及ぶ多くの雇用を生み出しており、畜産は地方への定住推進や地域経済に大きく貢献している。

◇品質格差がつきにくい酪農

酪農では、北海道のコストは低いが、内地のコストは高い。お互いに住み分けしようとやってきた。内地では主に飲用の牛乳を生産し、北海道ではバターやチーズ、脱脂粉乳を生産し、内地で飲む牛乳が足りなくなれば北海道から持ってくるようにしてきた。

国際化を考える場合、外国からの輸入、北海道、内地の3段階に分けて考えなければならない。仮に北海道の乳製品が外国からの輸入で苦しくなると、北海道は飲む牛乳を作って内地に乗り込まざるを得なくなるという悪循環に陥る。だから、国際交渉では北海道の乳製品をいかに守るかが重要だ。北海道の酪農が壊されるような価格で乳製品が輸入されることは避けなければならない。

――TPPや日欧EPAで北海道の酪農は守れるのか。

チーズの需要が一番伸びているが、チーズは品目によって関税がかなり削減されるので、長い目で見れば影響が出るだろう。生クリームは外国から持ってくるのは難しいし、バターや脱脂粉乳では国家貿易が維持された。輸入が難しいか輸入になじまない乳製品を開発し、消費をどうやって増やすかが重要になる。守りであると同時に、攻めにもつながる。

畜産の中で酪農が一番難しいのは、海外との品質格差が皆無だからだ。加工したら風味は変わらない。北海道のバターと内地のバター、カナダやニュージーランドのバターにほとんど違いはない。違いはコストだけとなり、コストの違いは規模と飼料費の差が大きい。飼料のコストを減らすために、飼料の購入を減らす必要もある。

◇牛肉の輸出増加は予想以上

——飼料は輸入に多く頼っている。


配合飼料では、トウモロコシや大豆かすや麦とか、輸入に頼っている。これらを日本で生産するのはほぼ無理だと思った方が良いのではないか。補助金を出して飼料用米を増やすのは良いことだが、はしごを外さないでもらいたい。はしごを外されたら、水田も困るが、畜産も困る。飼料用米には栄養や嗜好性の問題もある。飼料としてコメがトウモロコシに代わりうるかというと、少し違う。

平成では、1999年に家畜排せつ物法が制定されたことも重要だ。これまで雑に扱ってきた堆肥を適正に処理して有効活用するということで、平成の間で完全に定着した。畜産農家が適正に処理した堆肥を地域の農地に還元する重要性がますます認識された。稲作や畑作農家との耕畜連携が進み、そのサイクルがうまく機能するようになった。

――日本産畜産物の輸出はどうか。

日米牛肉交渉で自由化が決定したときに、牛肉の輸出にも取り組むことになった。正直に言うと、一矢報いる程度のつもりだったが、こんなに増えるとは思っていなかった。その後、輸出目標を立てて、（14年に）日本畜産物輸出促進協議会を立ち上げた。牛肉輸出については、国内の牛肉価格の安定にも寄与している。まだまだ増えると思う。牛肉のほかにも、育児用の粉ミルクやチーズ、鶏卵も健闘している。海外に輸出するのは非常に重要で、これからも努力していくべきだ。

◇若者や女性に魅力ある畜産業に

――令和の課題は何か。

畜産農家をこれ以上減らさないことだ。国産品として消費される一定量は誰かが生産を担わなければならないが、もうぎりぎりだ。国際化が進展する中で、品質の向上や独特の品質を維持するための努力もしなければならない。輸入品とは違うとアピールできる産品を作っていく必要がある。品質格差でカバーできない部分を合理化し、生産性を向上させなければならない。

畜産は比較的考える農業だと言える。土や作物のことも考えなければならないし、家畜自身のこと、つまり動物の生理や繁殖のことも考えなければならない。機械化が進んでいるのでメカのことも知らなければならないし、畜舎や施設の構造のことも考えなければならない。販売も人任せではない。牛では雄と雌を産み分けることができるようになった。一つの産業革命だと思っている。畜産は、探究心が旺盛で、科学が好きな若者に最適な仕事だと思う。

若い人に就農してもらうと同時に、もっと女性が必要だ。若い女性に魅力がある畜産業でなければならない。だから、１年３６５日拘束されて休みが少ないとか、若い女性が困る問題は解決しなければならない。

輸入が増加、国産野菜のシェア回復に注力

竹森三治・日本施設園芸協会常務理事

竹森　三治（たけもり　さんじ）

日本施設園芸協会常務理事兼事務局長。

１９７８年九州大学大学院農学研究科修士課程修了。同年農林水産省に入り、生産局種苗課長、野菜課長、農産振興課長、農研機構理事、東海農政局長などを経て、２０１３年退官。同年4月種苗管理センター理事長、16年6月から現職。

平成の間では野菜の国内消費は全体としては低迷したものの、加工・業務用の需要は伸び、中国産を中心に輸入が増えた。これに伴い、急増する輸入品から国内農家を守るため、ネギと生シイタケ、イグサの3品目を対象にセーフガード（緊急輸入制限）の暫定措置が２００１（平成13）年に発動された。02年には中国産の冷凍ホウレンソウと冷凍カリフラワーから基準を上回る残留農薬が検出されるなど、安全性も問われるようになった。農林水産省で野菜課長などを務めた竹森三治・日本施設園芸協会常務理事兼事務局長は、加工・業務用で国産野菜のシェア回復が重要な課題になったと指摘するとともに、令和では人手不足を補うため一段と機械化を進める必要性を強調した。

◇農業生産額の20％超に

――野菜では平成にどんなことが起こったのか。

野菜は非常に種類が多いが、貯蔵性がなく、需給コントロールが難しい特徴がある。鮮度が最重視され、輸入については、冷凍や冷蔵したもの、ジュースなどに加工したものに限られる。もう一つは、1年で何回も作れる品目が多く、農家は生産する作物を簡単に変えることができる。価格が上昇すると生産を増やし、下落すると供給を減らすということを繰り返してきた。

統計で生産量を把握している野菜は90種類あり、そのうち14品目が指定野菜として価格安定制度の対象となっている。その14品目で野菜の出荷量全体の8割ぐらいを占める。日本は国土が南北に長いので、亜熱帯から寒冷地までいろいろな作物を生産できる特徴がある。南から北にリレーすることで周年供給を行いやすいし、山も多いので高度差を利用することもできる。施設園芸も高度化しており、安定供給に貢献している。

平成では、食料・農業・農村基本法が1999年に制定され、食料自給率の議論が起きた。野菜はカロリーベースでは食料自給率に6％しか寄与しておらず、食料自給率の観点ではあまり重要視されなかった。しかし、生産額ベースでは20数パーセントを占めている。農業生産を正しく評価するためには、カロリーだけを重視するべきではない。農業総生産額はかつてはコメが最も多かったが、今では畜産に次いで野菜が2番目となった。農業上の位置づけは重要になってきた。

◇加工・業務用で輸入が増加

野菜は鮮度が重要で、基本的には国内産を供給してきたが、平成では輸入も増えた。2001年にはネギなど3品目にセーフガード措置が発動された。輸入が増えたのは、一つは円高が進み、海外産が割安になったためだ。また、従来は家庭消費用が多く、平成の初めごろは加工・業務用と家庭用がほぼ半々だったが、今では6対4ぐらいになっている。食の外部化が進む中で、加工・業務用の需要が増えてきた。家庭用は今でもほぼ100%が国内産だが、加工・業務用は3割ぐらいが輸入されている。

加工・業務用は、定量・定時・定価と言われるが、国内産だけでは気象災害などにより安定的に確保するのは難しい。価格が安いこともあり、海外からどんどん入ってくるようになった。距離的に近く、世界最大の野菜生産国である中国からの輸入が一番多い。

輸入が増えたことで、品質や安全の面で問題も起きるようになった。02年には中国から輸入された冷凍ホウレンソウなどの残留農薬基準超過が明らかになった。08年には中国製の冷凍ギョーザ中毒事件が発生した。

ネギなど3品目のセーフガード問題をめぐり中国の石広生対外貿易経済協力相（右）と会談する平沼赳夫経済産業相（中央）と武部勤農水相 =01 年 12 月、北京（時事）

これを機に、加工・業務用野菜の国内生産を強化すべきではないかという意見が強まった。

　国内生産では、コメと比べると野菜には専業農家が多い特徴がある。関東や北海道、九州で大産地が形成されてきた。需給や価格の安定を図るため、１９６６（昭和41）年に野菜生産出荷安定法が制定された。これは、国が需給計画を策定して、それに基づいて生産地を指定し、計画的に生産を行ってもらうものだ。その代わり、価格が下落すれば補塡する。野菜は年に何回も作れるので、ある作物の価格が高いとみんながその作物を作り、今度は暴落するという悪循環に陥るので、計画的、継続的、安定的に生産してもらうため、そういうシステムを作った。きちんと機能してきたと思う。

◇国内生産は低迷

　ただ、市場に出荷する作物が対象だったので、市場に出荷せず、加工業者や中間業者と直接取引した場合には対象にならなかった。01年にネギなどのセーフガードが発動され、構造改革に取

野菜の作付面積の推移

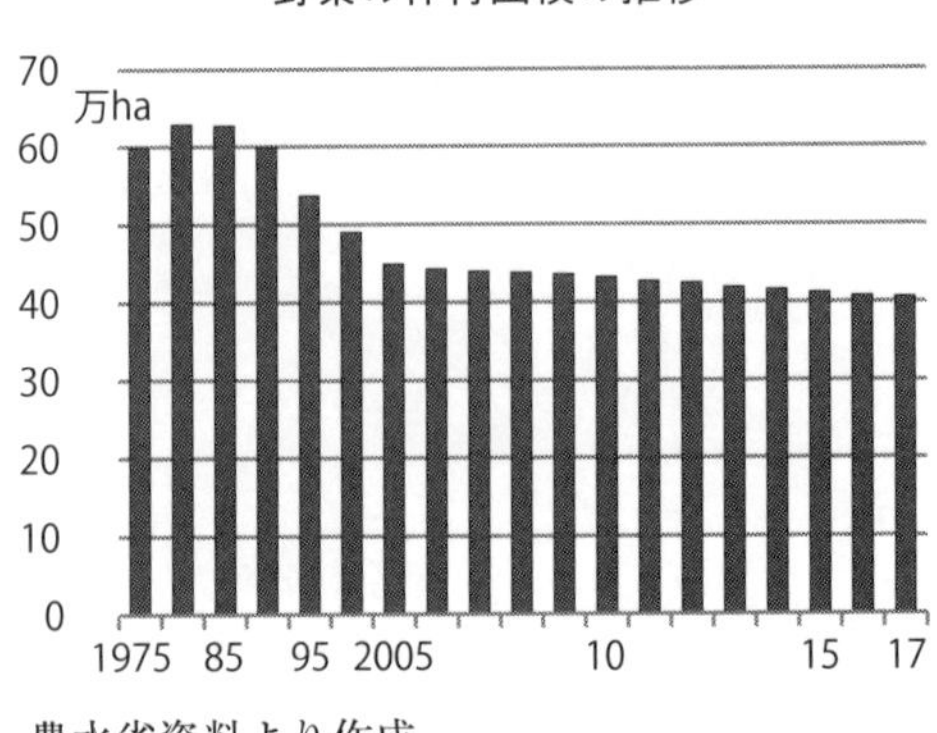

農水省資料より作成

り組むことになり、02年に法律を改正し、出荷団体や生産者が中間事業者や小売業者と契約取引をする場合のセーフティーネットとして、契約野菜安定供給事業を創設した。それまでは農協など出荷団体を通じて取引していたが、野菜でも大規模農家が出てきたので、大規模農家も直接制度に加入し、自分で市場に出荷する場合も補塡の対象にした。加工・業務用野菜に積極的に取り組み、国産野菜のシェアを取り返そうと取り組んだ。

その後も契約取引を進めるため、契約野菜収入加工モデル事業を11年に新たに作るなど、加工・業務用野菜の生産拡大に取り組んできた。ただ、作付面積は平成初期に60万ヘクタールぐらいあったが、05年には44万ヘクタールに縮小し、現在では40万ヘクタール台となっている。生産量も平成初期は1600万トンぐらいだったが、05年には1200万トン台に減少し、今は1200万トンを少し切る水準で推移している。

◇機械化とともに規模拡大進む

——農家は減少する一方、大規模化が進んだ。

販売農家は減っているが、規模拡大は進んでいる。規模拡大ができるようになったのは、機械化が進んだことが大きい。規模が小さいと所得は上がらない。大規模化を実現できた農家は残り、規模が小さければ高齢化してやめていくことになる。

――平成では異常気象も増えた。

コメは備蓄ができるが、野菜では難しい。冷凍したり加工したりして保存期間を長くすることができるが、全ての作物でできるわけではなく、できないものがほとんどだ。野菜では需給調整はなかなかうまく行かない。

◇人手不足が深刻化

――野菜の消費量は減っている。

家庭での消費が減っている。昔のように手間の掛かる煮物料理を食べることが減り、サラダなど生で食べることが増えてきた。10年以降は下げ止まっており、健康志向もあって、ある程度野菜は食べないといけないという理解は進んでいると思う。野菜はカロリーでは貢献度は低いが、国民の健康増進という意味では非常に重要だ。しかし、厚生労働省が定めた栄養基準に照らすと摂取量は足りていない。消費の増加に向けて努力をしながら、国内生産を強化していくのが大きな課題だ。

そこで問題になっているのが人の問題だ。他の分野でも同じだと思うが、人手不足が深刻になっており、外国人への依存度

有機栽培で生産されているレタスなど＝18年10月、宮崎県綾町（時事）

が高まっているのが実態だ。機械の開発も進んでいるが、まだまだだ。トマトなど果菜類、レタスなど葉菜類では収穫まで機械化はできていない。ＡＩ（人工知能）やＩＣＴ（情報通信技術）、ＩｏＴ（モノのインターネット）といった新しい技術を取り入れ、ロボット技術も進化しているので、そういうもので対応していかないと、国内生産を続けるのは難しくなる。収穫まで機械化できれば、国内生産を維持できるだろう。

野菜には専業農家が多いが、コメと比べると労働時間ははるかに長い。収穫や出荷の作業に時間が掛かり、そこを合理化するのが大きな課題だ。流通面の合理化も進めなければならない。

野菜では新規就農は非常に多い。面積が小さくても手取りが多いこともあり、新規に参入して野菜を栽培する人は多い。最初は小規模でも、だんだん規模拡大していってもらいたい。

◇植物工場で生産を安定

――有機農業の現状はどうか。

有機農業推進法や環境直接支払いなどで支援しており、少しずつは増えているが、それほど極端には増えていない。生産が難しいからだろう。機械化を進め、コストを下げようという流れの中で、有機の場合はある程度人手をかけないとい

「近鉄ふぁーむ花吉野」の完全人工光型植物工場で栽培されるレタス＝12年10月、奈良県大淀町（時事）

けないし、どうしても大量生産には向かなくなってしまう。

――平成では植物工場が登場し、ブームとなった。

ブームが終わったわけではないだろう。施設園芸協会でも植物工場の実態調査を毎年行っている。野菜は価格が非常に乱高下するので、植物工場によって生産をかなり安定させることができる。コストは掛かるので、安定的に引き取ってもらえるかどうかが課題となる。

ただ、植物工場で何でも作れるわけではない。うまく行っているのはレタス類だろう。生産量が決まれば、コストがどのぐらい掛かるかは分かる。露地栽培より安くなることはないと思うので、その価格で実際に売れるのか売れないのかということになる。計画的に作ったものを付加価値をつけて売れるかどうかが重要だ。

――ウルグアイ・ラウンドや環太平洋連携協定（ＴＰＰ）など貿易自由化の影響はどうか。

もちろん関税が下がることで全く影響がないことはないだろうが、基本的に野菜の関税は他に比べて低い。それより為替レートや輸送方法の影響の方が大きく、それによって海外から入りやすくなるということがある。

◇スマート農業に期待

――令和の課題は。

スマート農業は重要だ。人手不足の問題があり、播種や除草では機械化が進んでいるが、収穫の部分で遅れている。そこをうまくクリアできれば、労働力の問題もクリアできるのではないか。もう一つ、生産のばらつきという問題がある。生育の判断システムができれば、計画生産に結びつけられるのではないか。

生産された野菜を効率的かつ計画的に集荷して出荷していくには、量がある程度まとまらなければならない。そのためには、産地をある程度集約する必要がある。加工工場を建設したら、その周辺に100ヘクタール規模の産地がなければうまく行かない。大きな産地はきちんと形成していかなければならない。

野菜の輸出は難しい。輸出する場合には海外の人たちが品質や嗜好を評価することになる。「日本の野菜は一番だからさあ食べて下さい」と言っても、うまく行かないだろう。戦略的に考えていかないといけない。

――トマトなど野菜でゲノム編集技術を利用する動きがあるが、今後進むとみるか。

野菜の品種改良は基本的には民間主導で行われている。国が基本的な技術を作り上げ、それを利用して民間が実用品種を作るという役割分担でやってきた。民間にとっては、実際に売れるかどうかが重要だ。トマトなど主要な作物にはそういう技術は有用だろう。特定の栄養素を含んでいるとか、メリットをきちんとＰＲできれば、それなりに普及するのではないか。

農家が半減、担い手確保が重要課題に

新井毅・日本政策金融公庫農林水産事業本部長

新井　毅（あらい　つよし）
東京大学法学部卒業。1985年農林水産省に入り、文書課長、内閣官房まち・ひと・しごと創生本部事務局次長兼内閣府地方創生推進室次長、農村政策部長、近畿農政局長などを経て、2018年6月日本政策金融公庫代表取締役専務取締役・農林水産事業本部長。埼玉県出身。

平成の間では農家数が半減し、中でも農業より農業以外の収入の方が多い第2種兼業農家が激減した。日本政策金融公庫の新井毅・農林水産事業本部長は、兼業農家が減少したのは、企業活動のグローバル化により、工場など「良質な仕事」が地方になくなったことが主因だと分析する。「持続可能な農業のため、政策によって人を確保しなければならなくなったのが平成農業の特徴だ」と語り、担い手の確保が重要な課題になったと指摘した。

◇新基本法で「人」に焦点
――平成を振り返ってほしい。

農業の現場から見ると、人（担い手）の問題が重要なポイントだ。GATT（関税貿易一般協定）ウルグアイラウンドが最も重要なターニングポイントなのは疑いないが、それを踏まえて農政を根本から変えていかなければならないという議論が平成の初めからあった。1992（平成4）年に新政策（新しい食料・農業・農村政策の方向）が発表されたが、焦点はまさに人だった。これをベースに、食料・農業・農村基本法が99年に制定され、省庁再編の際に農林水産省に経営局が創設された。

旧基本法では農家の生活水準の向上を

農業基本法から食料・農業・農村基本法へ

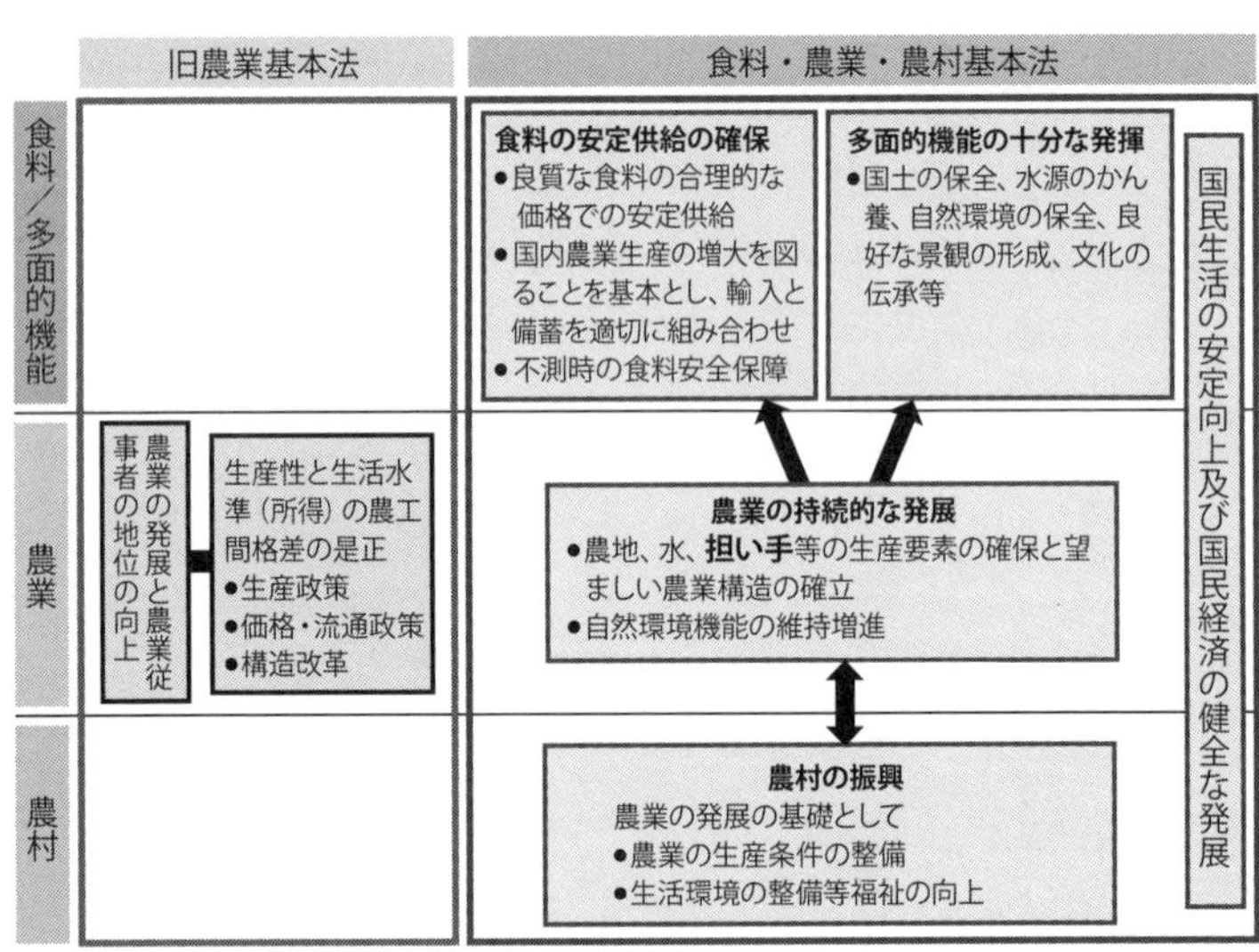

農水省資料より作成

目指していたが、新基本法では食料の安定供給を図るため、「農業の持続的発展を図ること」が中心に据えられ、それを下から支えるものとして農村の振興が位置付けられた。農業の持続的発展のため、新基本法では「農地、水、人を確保する」との考えが示されている。農地の確保と水の確保は、旧基本法時代から言われていたことだが、ここで「人の確保」が明確に取り上げられた。それまで農村や農業現場に人は当たり前に存在したが、21世紀に農業の持続的発展を図るには、政策によって人を育成、確保しなければならないという認識だ。これが平成農業の特徴だ。

◇担い手向け融資が大幅増

政策的には、93年に認定農業者制度ができて、そのツールとして94年にスーパーL資金が創設

政策公庫の農業融資額の推移

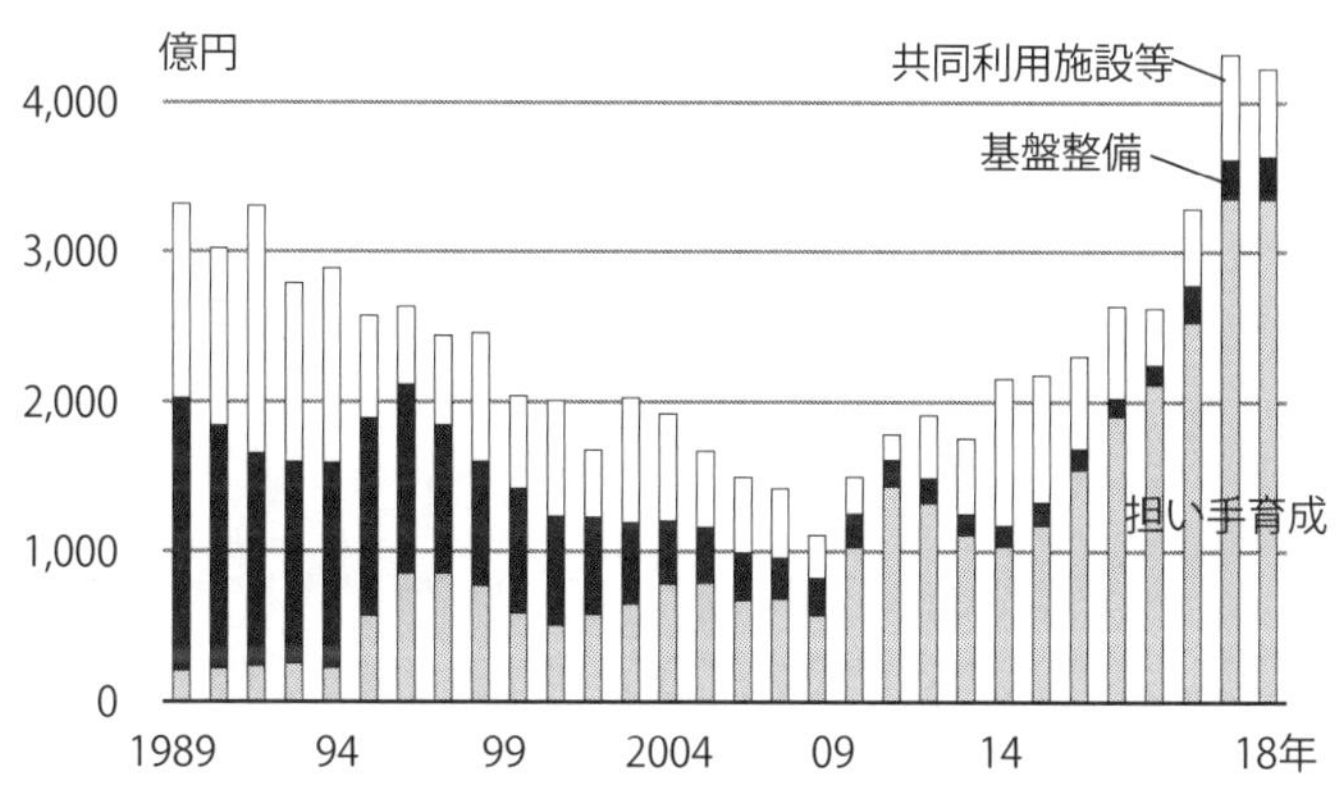

政策公庫資料より作成

された。公庫の農業融資をみると、担い手育成のための貸し付けの割合が平成初期はわずか6％だったが、2018年には80％に増えた。基盤整備や共同利用施設向けの融資の割合が小さくなり、担い手育成の割合が大きくなった。特に、「農林水産業・地域の活力創造プラン」により農業成長産業化路線が始まった13年から急激に伸びた。この間、農業産出額も反転増加した。担い手に焦点を当てた政策が実を結んできたのだと思う。

人の確保は、農業だけではなくて、地方全般にわたる重大課題だ。平成の30年間で東京圏への人口集中が進んだ。それ以前の昭和の時代にも東京圏への人口集中は起きているが、石油ショック後の1970年代半ばごろとバブル崩壊後の2回の景気低迷期には一極集中が止まった。しかし、平成に入り、景気低迷期であっても一極集中はむしろ拡大している。人口の変動が昭和と平成で大きく変わった。

この一番の原因は、産業立地のグローバル化と、デジタル化に伴って産業構造が変化し、脱工業化が進んだことだ。世論調査では若い世代ほど地方に住みたいという願望があるのに、若い世代の東京への転入が止まらない。この最大の要因は、地方には「良質な仕事」が少ないということだ。良質な仕事とは、合理的な労働条件の下でそれなりの所得を上げられてやりがいが感じられる仕事だ。良質な仕事でないブラックな企業や産業に若者が就きたいはずがない。地方も人手不足であり、仕事はあるが良質な仕事がないから、若者は地方に仕事がないと感じるのだ。

◇兼業機会が減少、農業の自立が不可欠

昭和時代に地方に良質な仕事があったのは、政策的に工場など産業の分散政策を講じていたからだ。しかし、平成になると産業立地がグローバル化し、デジタル化して脱工業化が進んだことにより、地価が安く労賃が低いことが地方のメリットではなくなった。

そうなってくると、人口はますます減少し、生活回りのサービス産業もなくなり、自治体や農協や郵便局などのほかに、さしたる産業がなくなってしまう。農業サイドから見ると、そういう産業ぐらいしか兼業の機会がなくなることになる。専業農家数は平成の時代でほとんど変わっていないが、兼業農家、とりわけ第2種兼業農家がすごい勢いで減っている。

兼業機会がなくなってくると、農業、農村を維持していく上で、「農業はもうからないけれど家業として続ければ良くて、他から収入を得れば良い」という考えが通用しなくなった。農業自体が自立した、良質な仕事を提供する産業にならなければいけない状況になった。

農家数の推移

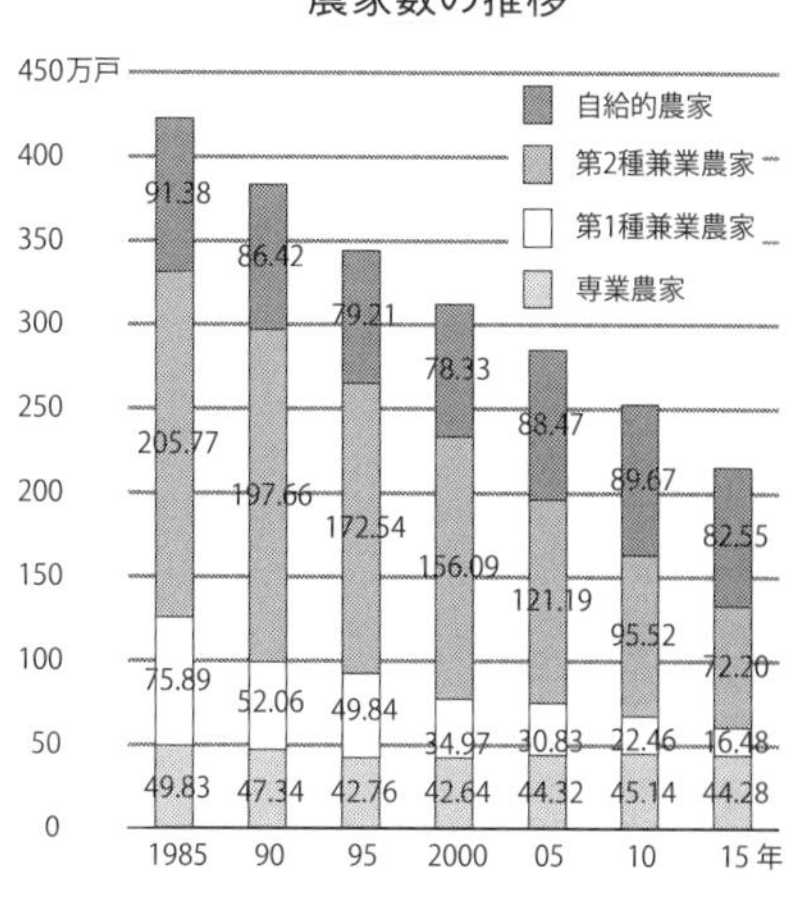

農水省資料より作成

◇生産性向上と新規参入がカギ

一方で、若者が地方に残ったり、都会から移住したりして人口が増え始めたところも出始めている。島根県の隠岐諸島にある海士町や北海道の上士幌町などだ。共通するのは、地域住民が危機感を共有し、外から来た人の力を借りながら、若者の育成活用に重点を置き、ビジネスの基本を踏まえて地域資源を活用した産業を内発的に興していることだ。地域資源を活用した産業の振興が地方創生の肝であり、農林水産業と観光産業にスポットライトが当たっているのはこのためで、「自分の代までで、あとは知らない」といった意識が残る地域との間で大きな差が生じている。

農業を存続させ、地方を存続させるためにも、農業が自立した産業、魅力ある産業になって、良質な仕事を作っていかなければならない。そのためには、農業の生産性を向上させることが基本で、併せて新陳代謝を図って若い人を政策的に入れていく必要がある。そのため、都道府県が事業主体として実施してきた新規就農者のための無利子資金が14年に公庫に移管されたが、その後、大幅に融資実績を伸ばしている。

農業でそこそこの所得と過酷でない労働条件を得るには、水田など耕種なら年1000万円、畜産なら3000万円程度の売り上げがないと難しい。05年の時点では農業生産額に占める3000万円以上の農業経営体の割合が4割ぐらいだったが、15年には5割を超えている。1000万円以上ならば農業生産額の4分の3を占めている。良質な仕事を提供できる素地のある農業経営体の割合が増えてきたということだ。

◇大規模農家でスマート農業の導入進む

近年、農業への投資が旺盛になり、公庫のみならず、一般金融機関や農協系統で農業向け融資額が増えているが、公庫で特にこの層への融資が増加している。この層は後継者が確保されている割合が高く、この層が生産を拡大することによって、農業をやめる人の生産減少分を補っていると言える。

ドローンやロボット、環境制御、データ管理などのスマート農業も、売り上げ1000万円以下の経営体ではなかなか導入しにくいと思う。実際に公庫の融資先をみても、3000万円以上の層の取引先では、スマート農業技術の導入がかなり進んでいる。そういうところが先導し、農業現場も大きく変わりつつある。

高齢のため農業をやめる農家が急激に増え、その分規模拡大を図る動きも活発で、設備投資の意欲が、畜産を中心に高くなっている。稲作でもやめた人の農地を受けて規模を拡大する農業者が増えており、ここへきて投資意欲が高まっている。さらに、環境制御型の施設園芸や人手不足に対応したロボット導入などスマート農業向けも増えている。

◇企業の農業参入は拡大

――植物工場の先行きをどうみるか。

太陽光型は比較的成功しているところが多いと思う。売り先の確保が重要となるが、大型化が進み、競争相手が増えており、販路の開拓は一段レベルが高くなっている。完全人工光型は、コストが高い上、現状では作物もレタスなど葉物に限定されており、普通の農業とは違う種類の経営判断が必要だ。

――リース方式による企業の農業参入が09年に自由化された。

大規模施設園芸では必ず企業が関与している。スーパーなど食品を扱う川下の企業は、産地の供給力の弱さをものすごく強く認識している。自分が直接農場を経営するか、側面支援するかは別にして、企業は農業に相当コミットするようになっており、今後はもっと深く入ってくるだろう。

売り上げが数億円から数十億円規模の地場の食品加工業は、原料が調達できなくて苦労している企業が多い。そういうところが農業経営に乗り出さざるを得なくなった事例も出ている。SDGs（持続可能な開発目標）の観点から農福連携の形で農業に参入した企業もある。

◇まずは産業政策に重点
――安倍政権は農業の競争力強化といった産業政策に偏り、地域政策が弱いとの指摘もある。

ベースとしては、農業が自立できる産業にならないと農業も農村も持続できなくなるので、農業の生産性の向上と新陳代謝がなければ始まらない。だから、産業政策の側面に重点を置いたことをまずやらないと次に進めない。

人口減少が進めば、今まであった商店や学校などもなくなり、必要な生活基盤が一層脆弱(ぜいじゃく)になる。だから、観光や農業を中心にした地域資源を使った新しい産業を創出しないといけない。人が増えているところは、テレワークを含めデジタル技術を効果的に活用している。観光政策でも5年前はインバウンドを増やすこと自体に重点があったが、今は京都や東京に集中する観光客を地方に分散させようという政策になっている。

農泊はそのためにも極めて重要な施策だ。農家の家に泊めるという狭い概念ではなく、農村に人を呼び込み、そこで採れた食材を食べてもらい、農山村ならではのアクティビティを経験してもらうのが重要だ。そうした取り組みを始めている地域も出てきた。そういう産業を興せる人材の導入が必要になる。

そうやって少しでも人口減少を抑える努力をする一方で、農村で生活し続けるためには、学校や病院などは何とかして維持しなければならない。それは農水省だけでできる話ではなく、政府全体で取り組むべき課題だ。今度の食料・農業・農村基本計画でもそういう観点で検討してもらいたい。

◇統合で公庫の営業基盤が強化

――農業融資で公庫と民間とのすみ分けはどうなっているのか。

公庫は基本的に民業補完だ。民間にはなかなか単独では手を出しにくいリスクの高いものや、長期資金の提供が基本的な役割になる。そうでないものは、できれば農協や地域金融機関などにやってもらいたい。そのため、協調融資や委託貸付を基本に進めており、お客さまにも委託貸付や協調融資でできないかとお願いしているが、さまざまな理由から公庫から直接借りたいというお客さまには、直接に融資している。

――政策金融改革の中で、農林漁業金融公庫は国民生活金融公庫や中小企業金融公庫と08年に統合した。

それまでは農林公庫の支店は22だったが、統合により全国に48の支店を展開している。支店が増えれば、それ

日本政策金融公庫の発足で、テープカットする安居祥策総裁（中央）、中川昭一財務・金融相（右から２人目）、二階俊博経済産業相（同４人目）ら＝08年10月、東京・大手町（時事）

まで支店がなかった地域のお客さまとの接触が格段に増える。実際に、新しく支店ができた県では取引先が増えている。さらに、旧中小公庫には食品製造業や卸売業などの顧客も多く、旧国民公庫には小さな自営業者や外食産業、レストランなどの顧客がいる。そういう方と農家とのマッチングがとてもやりやすくなった。

――公庫の新事業として、05年に農業経営アドバイザーを創設し、06年にアグリフードEXPO、13年にはトライアル輸出支援事業を始めた。

農業経営アドバイザーやアグリフードＥＸＰＯは、統合前の農林公庫時代に創設された。農業経営アドバイザーは、農業版の中小企業診断士みたいなもので、税理士、社会保険労務士、中小企業診断士などの力を借りて、公庫職員の能力も高めながら、他の産業に比べると経営体として未熟な農業経営の水準を引き上げていこうという思いで始まった。税理士や社労士にも農業関係の知識を持つ人がもっと増えてもらって、指導してもらいたいと考えた。現在まで約５２００人の合格者を輩出している。

当初は公庫の職員や社労士、税理士等が多かったが、農業に関心を持つ民間金融機関の人が増え、農協改革が始まった15年ごろからは農協系統の人も急激に増えている。民間金融機関との連携も、金融機関の農業経営アドバイザーが核になって進んでいることが多い。

◇輸出で経営改善を

アグリフードＥＸＰＯは、農業経営者が、自分たちの作物のマーケットからの評価を得るとともに、販路を広げる機会を得る場を作ろうという狙いで始めた。特色ある農産物を求めるバイヤーと公庫の顧客である農業経営者をマッチングさせるのが基本で、これまで東京で14回、大阪で12回開催した。

トライアル輸出支援事業は、政府が農産物の輸出推進を掲げる中で、公庫としても、輸出を考えているお客さまに対し、お試し輸出という形で支援している。香港やシンガポールなどに強い輸出商社にお願いして、現地の店舗の棚に商品を置いてもらい、評価してもらう。海外での評判が良かったので本格的に輸出に乗り出し、現在では売り上げの２割が輸出というお客さまもいる。

――政府も輸出にはとても力を入れているが、まだ伸びそうか。

国内市場がまだ大きく、輸出できる余力がそれほどあるわけではないが、最初から輸出を想定した産地作りをするならば、日本の農産物の評価は高いから、増える余地はある。輸出金額もさることながら、輸出によってどう所得を増やし、農業経営を改善させるかといった内容が重要になってくる。

◇喫緊の課題は事業承継

――令和の課題は何か。

直近で一番重要なのは事業承継・経営継承だ。今後10年間で農業従事者の半数が80歳を超える。80歳を超えるとなかなか農業はできないから、10年後には農業者の半分はいなくなるということだ。

一方で、認定農業者は約25万人いるが、後継者は3割しか決まっていない。残りの7割の認定農業者が経営する農地や資源をどうするかが今後10年間で最大の課題になる。家族が承継しないならば、農業法人なら従業員が承継してくれるかもしれない。法人のメリットはそこにもある。

経営体内にも承継してくれる人がいなければ、第三者承継をやるしかない。そこで、公庫は19年から、事業承継支援を組織的に進めていくため、第三者承継のマッチングを本格的に始めた。経営が悪いわけではないが後継者がいないという人と、規模拡大のため受けたいという人の情報を集めて、マッチングする。公庫の顧客で情報が厚いのは畜産なので、まずは畜産を中心にマッチングが進んでいる。畜産では、これまでは零細農家のリタイア分をメガファームがカバーしてきたが、メガファーム同士のM&A（合併・買収）の相談も来始めている。

畜産農家では、エサの確保やふん尿の堆肥利用で耕種農家と連携しているところが多いが、耕種農家の方に後継者がおらず、畜産農家が耕種農家の経営資源を承継して耕種経営に乗り出した事例もある。原料が入手できなくなったので農業生産を継承する食品加工業者も出てきている。畜産とは違い、稲作などでは農地の話が深く絡むので、農水省や関係機関と連携して進めていきたい。

基本は受け皿となる農業経営体の質・量を向上させることだ。このため、公庫としては、今後、コンサルティング融資を進めていく。経営の内容をさらに高度化するため、個々の農業経営体の現状と課題を把握、分析して、経営体と共有し、課題の解決をともに図っていき、融資はそのための一つのツールと位置付ける。この中で民間金融機関や農協系統、その他関係機関との連携も強化していく。

中央集権が強化、自治体農政は脆弱化

小田切徳美・明治大学教授

小田切　徳美（おだぎり　とくみ）

明治大学農学部教授。農政学・農村政策論・地域ガバナンス論。東京大学大学院農学研究科博士課程単位取得退学（博士＝農学）。高崎経済大学助教授、東京大学大学院助教授などを経て現職。

〔主な著書〕「日本農業の中山間地帯問題」（農林統計協会）「農山村は消滅しない」（岩波新書）など

平成では地方分権の推進が重要な政策課題となり、１９９９年（平成11年）の地方分権一括法の成立、２００１年に誕生した小泉政権での三位一体改革など、さまざまな取り組みが行われた。しかし、実際には国と地方の関係に大きな変化はなく、農村政策に詳しい明治大学農学部の小田切徳美教授は「いつの間にか中央集権体制が強化された。自治体は改革疲れしてかなり脆弱化した」と厳しい見方を示す。令和の課題として「農村政策の一部は財源とともに地方に任せるべきだ」と強調する。

◇「地域」を意識した新基本法
――農政で地方分権は進んでいない。

1999年に制定された食料・農業・農村基本法には、「地域の特性」という言葉が6カ所も出てくる。こうした法律は珍しく、「地域」を改めて位置づけたと言える。61年にできた農業基本法にこうした言葉は出てこない。新基本法は地域を意識した農政を行われなければならないことを語っている。

さらに、基本法が成立したのは99年7月だが、その直前に地方分権一括法が成立している。それを受けてか、基本法の37条に「国及び地方公共団体は、食料・農業及び農村に関する施策を講ずるにつき、相協力する」と書いている。地方分権の精神を十分に意識した法律になっていると期待した。

振り返ると、77年に「地域農政」が言われたときにも同じような議論があった。農政は地域性が強く、それを十分に踏まえなくてはいけないことや、農政の手法を思い切って現場に委ねることが言われた。この場合の現場とは集落だ。小作料の水準など農地流動化の在り方は集落に任せてよいのではないかといった議論があり、コ

食料・農業・農村基本法が可決、成立し一礼する中川昭一農水相＝99年7月（時事）

ミュニティーを重視した農政だ。さらに、それをマネジメントするのは国ではなく自治体で、自治体農政が重視された。これらが組み合わさり「地域農政」と言われた。

◇改革上書きの20年間

ところが、86年に（米国からの市場開放などに対応するための）いわゆる「前川リポート」が公表されたことで、国際化を迫られ、農業の構造改革が急がれることになった。地域農政は、地域の実情に応じて時間を掛けて構造改革を進めていこうという発想だったが、「急げ、急げ」と言われるようになり、「スロー農政」が否定されてしまった。

99年の新基本法はその軸を変えるものになると期待した。その中に中山間地域の直接支払制度が位置づけられ、集落協定という仕組みが作られた。集落が主体となって交付金の使い方を考えることが求められた。市町村や都道府県の裁量権も盛り込まれた。中山間地域直接支払制度は、地域農政を引き継いで具現化したものとなった。

しかし、その後も農政改革が続き、さらに民主党への政権交代もあり、農政改革が繰り返され、一度決めた農政改革が次々と上書きされることとなった。新基本法の20年間は改革

中曽根首相に報告書（前川リポート）を提出する経済構造調整研究会の前川春雄座長（左）=86年4月、東京（時事）

の上書きの20年間となった。

◇自治体農政部局の人気は低下

こうした改革が繰り返された結果、いつの間にか中央集権体制が強化されている。地域にとっては政策の変更を追いかけるので精いっぱいになる。農業経営体から見ると、農政改革自体がリスクとも言われるようになった。自治体にとっては、地域に応じた自治体農政を行う条件が出てきたのにかかわらず、霞が関の農政改革を待つ状況が続くようになった。そのため、農政の重要なプレーヤーであるべき自治体は、改革疲れしてかなり脆弱化している。

それに加え、自治体は国からの調査物への対応で疲弊している。農政改革に関連し、特に農地中間管理機構（農地バンク）に関する調査物が増えた。そうしたこともあり、自治体農政は混乱している。職員から見れば、かつて花形だった経済課や農政課は忙しいだけで創意工夫の余地がなくなり、今では人気がない。市町村では観光や福祉関係の職員は増えているが、農政関係の職員は減っている。地域の独自性が発揮できない農政関係部局は地方行革の主たるターゲットになっている。

「農林水産業・地域の活力創造プラン」を決定した会合であいさつする安倍晋三首相（右端）。右から２人目は林芳正農水相＝13年12月、東京（時事）

◇基本法・基本計画に基づいた農政を

――2009年に誕生した民主党政権は、戸別所得補償制度や一括交付金を導入した。

戸別所得補償制度は評価している。しかし、一括交付金は、実は各省庁のヒモがついていて、自由度が十分に高かったかというとそうではない。重要なのは、自民党政権でも民主党政権でも、基本法や食料・農業・農村基本計画に基づいて農政を展開することではないか。向こう10年を想定した計画を立てて、5年ごとに見直すわけだが、そこでどんな政策を行うかが十分に議論されたはずだ。基本計画を作ったからには、それを着実に実施することが求められている。

抜本的に新しい政策を打つのであれば、基本計画自体を途中で改定するか、次の基本計画の時に議論しなければならない。もしそれが基本法の枠外であれば、基本法の改正自体が必要だ。しかし、今は「農林水産業・地域の活力創造プラン」として、首相官邸で農政の方向性を決めるようになり、基本計画に代わって農政を仕切っている。活力プランは毎年改定されている。その正統性についても、改定する間隔についても大いに疑問だ。

◇官邸農政こそ「猫の目農政」

――官邸が仕切ることで、利害関係者の抵抗を抑え、農政改革を強力に推進できるとの指摘もある。

官邸農政が基本法に沿って農政を行っているとは思えない。特に農村政策では、その時々にキャッチーな政策を打ち出して、プロジェクト化している。ポピュリズム的な政策と新自由主義的な政策がない交ぜとなり、政権の人気がなくなればポピュリズムに比重を置き、世の中全体が改革に賛成するときには改革するというように、毎年のようにその比重は変動する。

もちろん基本法が全てをカバーできているわけではないが、一応の政策体系があり、5年ごとに基本計画を見直す仕組みもある。5年間はこの計画に基づいて政策を打つのが特徴で、しばしば指摘されている「猫の目行政」に歯止めをかけたものだった。しかし、官邸は1年単位の農政をしている。これこそ猫の目行政だ。官邸農政で猫の目行政を脱したとの議論があるが、むしろそれは逆だ。

◇町村会は「農村価値創生交付金」を提言

――小田切氏が座長を務めた全国町村会の研究会は14年9月、農業・農村政策について提言を出し、「農村価値創生交付金制度（仮称）」の創設などを打ち出した。

競争条件整備や国境調整、災害対応などは当然国が担うもので、国が責任を持ってきちんと行わなければならない。一方で、農村政策的なものなど地方自治体が得意とするものは確実にあり、それを農村価値創生交付金で行うという考え方だ。2本立てになっているのが特徴だが、これは欧州連合（EU）の政策を意識している。EUでは農産物価格や所得支持にかかわる政策はEU一本でやっているが、農村政策は各国に任せている部分もあり、2本立てになっている。

――提言は実現していないが、権限や財源の移譲に対して国の抵抗が強いのか。

そこはかなりあると思う。（農水省に）農村振興政策は必要かという議論にもなってしまう。霞が関には霞が関なりの論理があるだろうし、私自身もその論理を全部崩してまで提言を実現しようとは思っていない。粘り強い調整が必要だ。市町村の得意分野もあるということだ。農水省には農村に対する交付金があるが、その使い勝手がさらに良くなれば一歩前進だ。しかし、国が持っている財源が移譲されなければ、自治体の農村政策の財源は増えない。最終的には、中山間地域直接支払いや多面的機能支払いを集める形で地方に渡すことが必要だ。

◇都道府県は市町村ができない政策を

――自治体の間で、都道府県と市町村の役割分担はどうあるべきか。

都道府県から市町村への分権化も進んでいる。一例を挙げれば、過疎対策では、かつては市町村が過疎地域自立促進計画を作り、都

全国町村会の「農業・農村政策の在り方についての提言」骨子

1．農業・農村があるべき姿に向かうには、国と自治体との新たなパートナーシップの構築が必要

1．国の役割は、関税の設定・維持、直接支払制度の設計、経営安定政策の推進、基幹的用排水路の整備・保全など「競争条件整備政策」

1．自治体の役割は、新規参入の促進策や地域の農地利用調整、農業経営の高度化など「農村価値創生政策」

1．自治体が地域にとって最適な政策を実施するため、「農村価値創生交付金制度（仮称）」を創設

道府県とそれを協議することで、都道府県が市町村の政策をウオッチして責任を持つ仕組みがあったが、それが見直された。この結果、一部の都道府県が県内の過疎地域に対して関心を持たなくなるという現象が起きた。それは、過疎地域だけでなく、農村全般に広がっている。

極端な例として、「地域振興は市町村の仕事であって、都道府県の仕事ではない」と言い出す都道府県が出ている。地域振興部局の役割が終わったとして縮小されている例もある。管内の農村に対する関心がなくなるから、情報が入ってこなくなり、職員が細かい地名を覚えなくなる。どこで何が起こっているかを認識できなくなり、有効な政策を打てなくなっている。

だから、市町村への分権は行き過ぎてもいけない。都道府県が県内の情報をきちんと把握して、市町村ができない政策を打っていく必要がある。高知県は、地域支援企画員という名前で職員を市町村に派遣して、積極的に地域振興に乗り出しているが、こうした形での都道府県と市町村の連携が必要だ。

◇農政局の情報受信機能は低下

――農水省の地方農政局の役割はどうか。

現在の農政局の中心的機能は情報受信だ。管内の情報を把握して、政策形成に必要な材料を本省に提供するという重要な役割を果たしている。今までは本省から農政局、都道府県、市町村というルートで補助金が流れ、補助金と逆の方向に情報が流れていた。補助金は、一種の情報吸い上げ装置だった。

地方分権改革で補助金が縮小し、一部はなくなったり交付金化したりしたことで、情報把握が難しくなっている。農政局は補助金とは別の情報受信の仕組みを作らないと、本省自体も現場から遠くなってしまう。そうなると、農政局がなぜ必要かという議論になる。農政局が積極的に地域に関わっていくことが必要だ。

一部の農政局では、職員が地域の中に飛び込んで、地域づくりの1プレーヤーとして関わるなど、良い仕事をしているところもある。しかし、管内が広すぎて全域でできるわけではなく、難しいところだ。

――平成ではウルグアイ・ラウンドや環太平洋連携協定（TPP）など貿易自由化が進んだ。

基本法には、食料自給率について「向上を図ることを旨とし」と書かれている。これは、国民的な議論をして書き込まれたものであり、自給率を向上させる、つまり国内農業をこれ以上縮小させないというのが基本法の精神だ。国内対策の根拠はそこにある。できるだけ自由化は押しとどめるべきだし、さまざまな事情の中で自由化が進んでいくのであれば、基本法に基づいて国内対策をしっかり行うことが、基本法が定めた農政の義務だ。

◇農村政策の一部は地方移管を

――令和の農村政策の課題は何か。

農村政策については、第1に、基本法や基本計画を順守すべきだ。特に自治体との関係について、「相協力」するパートナーとしての位置づけに戻ってほしい。自治体農政の担い手問題が課題になるほどの疲弊状況だ。

第2に、農村政策では、農村価値創生交付金制度のような思い切って現場に任せる部分が必要だ。基盤整備などは国レベルできちんと担ってほしいが、農村政策の一部は財源とともに地方に任せるべきだ。

第3に、農政上の地域間格差是正をめぐる議論が不足している。農村政策の基本は格差是正と内発的発展の二兎（にと）を追うものだ。つまり、地域間格差是正が必要となる。現在のポイントの一つは、21年3月に失効する過疎法（過疎地域自立促進特別措置法）だ。何らかの形で延長すべきであり、農政もそれへの関心を強めるべきだ。

特に、（次世代通信規格の）5G時代となるとそれがさらに重要だ。自動運転、遠隔地医療、遠隔地教育の基盤となる5Gは電波としては直進性が強く、山があると届かないという問題がある。農山村に影響が出て、むしろ格差が拡大しかねない。5G時代にふさわしい地域間格差是正策が、農政の視点からも十分に行われることが必要だ。

政官業トライアングルが分裂、成長産業化へ転換

大泉一貫・宮城大学名誉教授

大泉　一貫（おおいずみ　かずぬき）

宮城大学名誉教授。

1949年宮城県生まれ。東京大学大学院修了。農学博士。専門は農業経営学。農業の成長産業化を提唱し、経団連の21世紀政策研究所研究主幹、日本政策金融公庫の農業経営アドバイザー活動推進協議会会長なども務める。

〔主な著書〕『日本の農業は成長産業に変えられる』（洋泉社）『農協の未来』（勁草書房）『希望の日本農業論』（NHK出版）など

戦後の農業政策はいわゆる「55年体制」の下、自民党農林族（政）、農林水産省（官）、全国農業協同組合中央会（JA全中、業）の3者で決められ、国民不在と批判されてきた。経団連のシンクタンク「21世紀政策研究所」研究主幹を務める大泉一貫・宮城大学名誉教授は、平成初期から第2次安倍政権が誕生するまでを「農業の失われた20年」と総括した上で、安倍政権が官邸主導の農政を確立したことで「政官業トライアングルが分裂した」と分析、成長産業化に向けて大きく転換したと評価する。

◇改革派官僚と族議員の戦い

――1990〜2010年ごろを「農業の失われた20年」と指摘している。

国際的な状況も国内的な状況も変化していることに気づかず、55年体制による保護農政が維持され、生産性が下がっていった。兼業農家維持、自作農維持という保護農政だ。それを食糧管理法と農地法と農業協同組合法のトライアングルで進めた。

本来であれば、そうした保護農政から、マーケット主導、農業経営者主導の農政に転換しなければならなかった。しかし、転換するのに平成のほとんどの期間を費やしてしまった。保護農政を維持しようとする族議員と、(98〜01年に事務次官を務めた)高木勇樹氏ら農林水産省の改革派官僚の戦いの歴史でもあった。日米構造協議やウルグアイ・ラウンドを通じてグローバル化が押し寄せてきて、国内の農業改革をしないと大変なことになるという声が出てきたのに、そのまま13年まで来てしまった。

稲作偏重農政が行われ、関税や生産調整(減反)によって米価が維持された。成長農政に転換しようという動きはあったが、実現できなかった。改革派官僚は族議員とのあつれき

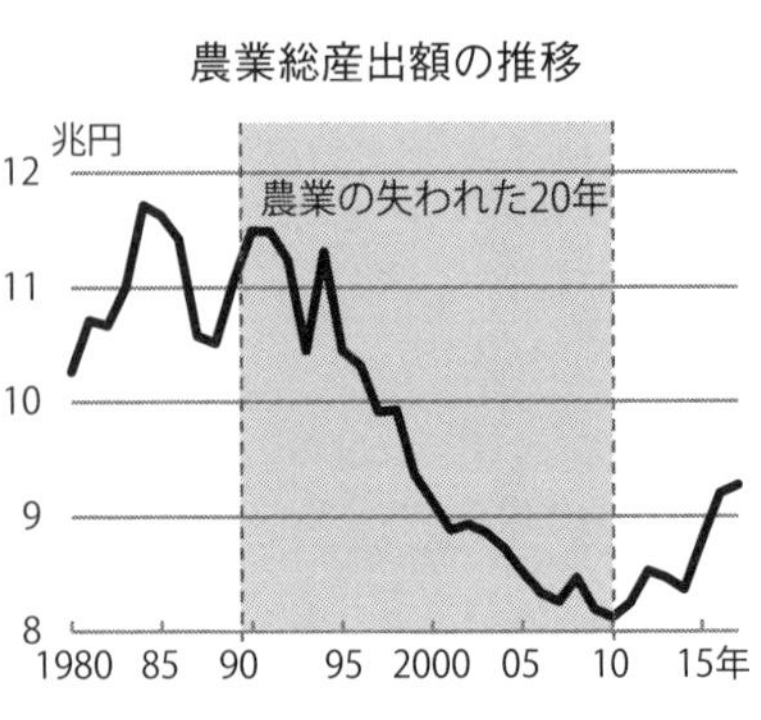

農水省資料より作成

などで苦労しただろうが、成長産業がどういうものかというビジョンがまだできていなかったことも大きかった。

◇目指すは欧州の成熟先進国型農業

成長農業のビジョンとは、（93年末の）ウルグアイ・ラウンド合意以降に欧州が作り上げた成熟先進国型農業だ。農業には三つのタイプがある。開発途上国型農業と、米国のような新大陸先進国型農業、欧州のような成熟先進国型農業だ。安倍政権の農政は今まさにこの成熟先進国型に向かっているが、90年代はこのビジョンが見えず、市場原理主義者とか、要らざる混乱を呼ぶとか批判された。さらに、農業を発展させるには、農業協同組合のように仲良くやろうと考える人が多く、誰か1人が突出してもうけることに違和感を覚える人が多かった。

日本農業法人協会を設立する動きは96年に始まったが、実際に設立されたのは99年だった。こういう人たちが農村の中に出てきたら困ると、JA全中の抵抗があったからだ。

◇妥協の産物だった新基本法

――99年には食料・農業・農村基本法が制定された。大泉氏は調査会の専門委員として議論に関わった。

基本法では経営者中心主義やマーケット中心主義という考え方が導入された。しかし、条文には「市場原理」という言葉は用いられず、「需要に即した」などとなっている。この法律の目的は、日本農業を持続的に発展させることだ。そのために「農業所得の倍増」とでも言えば良かったが、当時そういうイメージはなく、「食料の安定供給」になり、そのために食料自給率を高めることが課題となった。これらは妥協の産物だった。私は食料自給率ではなく、「食料安全保障」と言ってきた。最近は農協も食料安全保障と言うようになっている。

当時はコメの制度はがんじがらめに縛られていて、改革しようとしてもできなかった。一方で、野菜と畜産は比較的制度から自由だったため、農業経営者に任せるという状況が生まれ、発展していった。稲作は衰退が続き、農業全体としては地盤沈下していくものの、畜産や野菜は2005年ごろからどんどん伸びていった。

コメ、野菜、畜産の農業総産出額

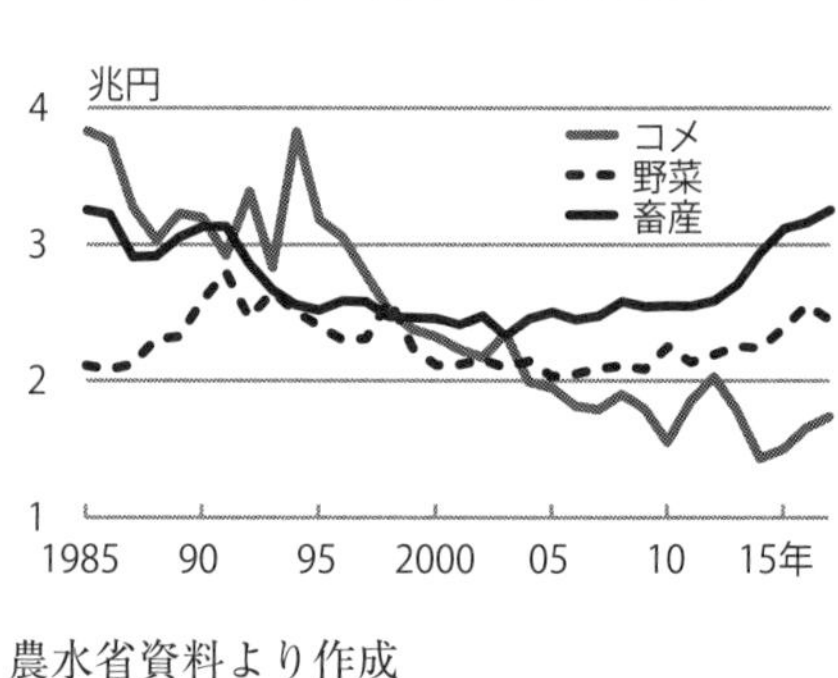

農水省資料より作成

◇減反廃止は頓挫

――日米牛肉交渉やウルグアイ・ラウンドで畜産は自由化が進んだのに、なぜ伸びたのか。

生産性が高いからだ。養豚農家は数千戸しかない。構造改革や淘汰が進み、生産性が高まり、競争力がつくという状況が生まれた。畜産では生産性の高い農家への集中と大規模化が進んでいる。国際競争力のある農家が残り、農業所得も増えている。

——02年のコメ政策改革大綱で生産調整の廃止が打ち出されたが、実現できなかった。

07年の（生産調整の強化など）緊急対策でつぶされた。族議員や農協がうごめいていた。改革派官僚と政官業トライアングルの主体との熾烈な戦いが背後で行われていた。

90年代は比較的改革の機運が高まり、改革はそれなりに進んでいた。しかし、米価を市場原理に任せるという話になった途端、ブレーキが掛かった。（90年設立された）自主流通米価格形成機構は管理された市場だから、農協や全農（全国農業協同組合連合会）もそれなりに認めていたが、「もっとマーケットで自由に」という話になると、全農のビジネスが崩れてしまうからだ。

◇コメ先物の制度化が必要

コメ政策改革大綱では、生産調整をいずれ廃止してコメを自由に売れるようにするという考えを打ち出したので、それは過激すぎるという判断が全農や農協にあったのだろう。今でもコメでは概算金のシステムが続いている。毎年秋ごろに、今年の生産量はこのぐらいになるので、いくらぐらいで売れるだろうというのが分かってから、全農が仮渡し金として概算金を農家に支払っている。ところが、実際のビジネスとしては、卸業者が毎年2月ごろ、リスクを取って農家と売買契約をすることが増えている。

――試験取引が続くコメ先物の本上場に農協は今でも強く反対している。

農協ビジネスが相変わらず概算金頼りということだ。しかし、農協の取扱量はどんどん縮小している。こうした中で先物取引が本格化すれば、卸業者の勢いが増し、2~3月の契約が増える。農家としては卸業者と早く契約した方が良くなり、農協のビジネスは崩れていく。

コメ先物を本上場したとして、どの程度広がるかは分からないが、制度として準備することが必要だ。制度がないのと、制度を準備して使うか使わないかは別の話だ。

◇官邸主導で政官業トライアングルに対抗

――08年に石破茂氏が農水相に就任して改革の機運が高まった。

07年の緊急3対策では族議員がうごめいて逆流が生じたが、それでいいのかというのが石破氏の一つの問題意識だった。私が最も評価しているのは、(6閣僚による)「農政改革関係閣僚会合」を設けたことだ。これにより、官邸主導で農政を行う仕組みを作った。政官業のトライアングルに対抗する仕組みだった。

私は閣僚会合の下の特命チーム(チーム長・針原寿朗農水省総括審議官)のメンバーとして関わった。生産調整を見直すプランをいくつかまとめたりしたが、当時の麻生政権がいつまで続くかという時期だったから、日の目を見ることはなかった。

石破氏は09年には農水省改革も行っている。01年にBSE（牛海綿状脳症）が発生し、農水省は大混乱に陥った。ガバナンスが効かなくなった。農水省は政治家にいいようにやられっぱなしの状態となり、（食用でないコメを食用と偽って転売された）事故米問題も起き、農水省不要論や経済産業省との統合論も残念ながら出てきた。そうした中で石破氏は農水省の立ち位置をはっきりさせようと取り組んだ。官邸主導で農水省は不要だと言う一方、農水省を立ち直らせる取り組みも行った。この時の官邸主導を安倍政権が引き継いだ。

◇自民党より保護的だった民主党農政

——09年9月に民主党政権が誕生し、戸別所得補償制度が導入された。

民主党の戸別所得補償制度は最初の提案から実際の導入までの間、何回か内容が変わっている。ウルグアイ・ラウンド以降の欧州農政は、市場原理に任せて立ち行かなくなった部分を個別に補償する仕組みで、民主党の戸別所得補償も最初はそうだった。しかし、何回かの選挙を経て変わってしまった。

最終的に導入されたのは、生産調整や米価維持をそのままにしながら、全ての農家に対して10アール当たり1万5000円支払うというもので、これはバラマキでしかなかった。経済法則にかなっていないし、何をやりたいのかも分からない。自民党以上に保護主義的な農政だった。

一つ評価できるのは、10年11月に「食と農林漁業の再生実現会議」（議長・菅直人首相）を立ち上げたことだ。野田政権に交代した後、11年10月の報告書で「農業の成長産業化」という考えを打ち出している。私の著書「日本の農業は成長産業に変えられる」は民主党の中でも結構読まれていた。

しかし、成長産業化は戸別所得補償とは違うコンセプトだ。民主党の中でも、族議員や農水省べったりの人と、距離を置いて日本経済全体を考える人がいて、考え方は大きく異なっていた。だからこそ、官邸主導が必要だった。

◇政権交代で農村の雰囲気が一変

――12年末の安倍政権誕生により、「失われた20年」が終わったのか。

失われた20年が終わり、成長に向かって農業全体が動き始めた。政権が交代し、「農業は成長する」と言った途端、雰囲気が変わったことに驚いた。それまでは「輸出なんて無理だ」という考え方が農村を支配していたが、「輸出できるかもしれない」という方向にがらっと変わっていった。政権や政策のありようは非常に大きいと感じた。

――安倍政権はTPP参加や生産調整廃止などに取り組んだ。

安倍政権の最大の功績は、官邸主導で「農林水産業・地域の活力創造本部」（本部長・安倍晋三首相）を作ったことと、農林族の西川公也氏を自民党TPP対策委員長としてTPP交渉を任せたことだ。さらに、13年の参院選挙で農協を突き放して農協改革を打ち出し、族議員の巣窟だった自民党農林部会の部会長に（族議員でない）斎藤健氏や小泉進次郎氏を起用した。これらによって政官業のトライアングルは分裂した。

農協は農協改革に対して守り一辺倒になってしまった。西川氏はTPP対策委員長として党内をよくまとめたと思う。これによって族議員も分断された。

◇農協は自らの手で改革を

――農協改革をどう評価するか。

攻めの農林水産業には、TPPを実現するための農業対策という側面がある。これが一段落し、安倍政権の農政改革も18年で一段落した感がある。農協にもあまり関心が払われないようになったから、今後どうなるかは分からない。ただ、農協には農業保護ではなく、協同で農家所得が増えるようなことを考えてほしいと思う。

問題は、農協では農業者の組合員が減っているということだ。農業者が大幅に減る中で、何に依拠したビジネスを行うかが課題となる。それは（農家でない）准組合員だろう。つ

農協組合員の推移

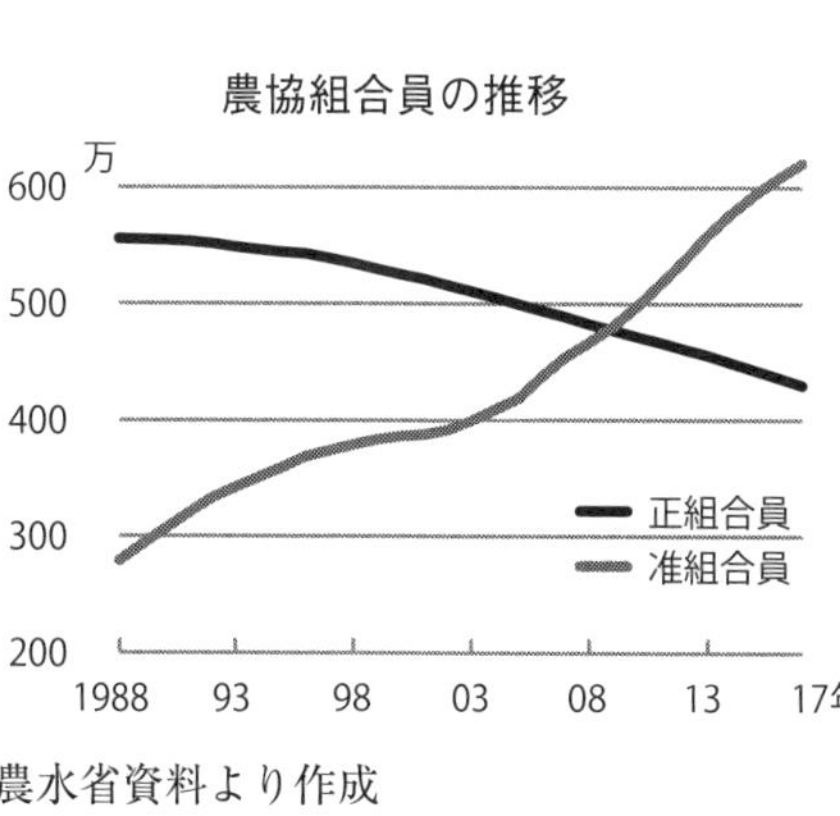

農水省資料より作成

まり、准組合員を組合員とした新しい農協像を作り上げなければならない。これからの農協像をどう作り上げるのか、農協自身で考えなさいと政権は突き放さなければならない。

農協という組織は矛盾統合体だ。協同組合なのか株式会社なのかよく分からないし、農家の組織なのか非農家の組織なのかもよく分からない。こうした問題に農協が自らの手で決着をつける必要がある。

◇企業と農家の垣根が低下

――09年にリース方式で株式会社の農業参入が可能になったが、参入はあまり進んでいないとの指摘もある。

制度として準備することと、実際にどう進むかは別だ。以前は農業以外の人たちは参入ができなかったが、これでは農業はじり貧になるから、農業をやりたければ会社でも個人でもＮＰＯでもできるような仕組みを作るべきだと主張してきた。それが実現した。

その結果、何が起きたかと言うと、企業がそのまま参入

一般法人の農業参入

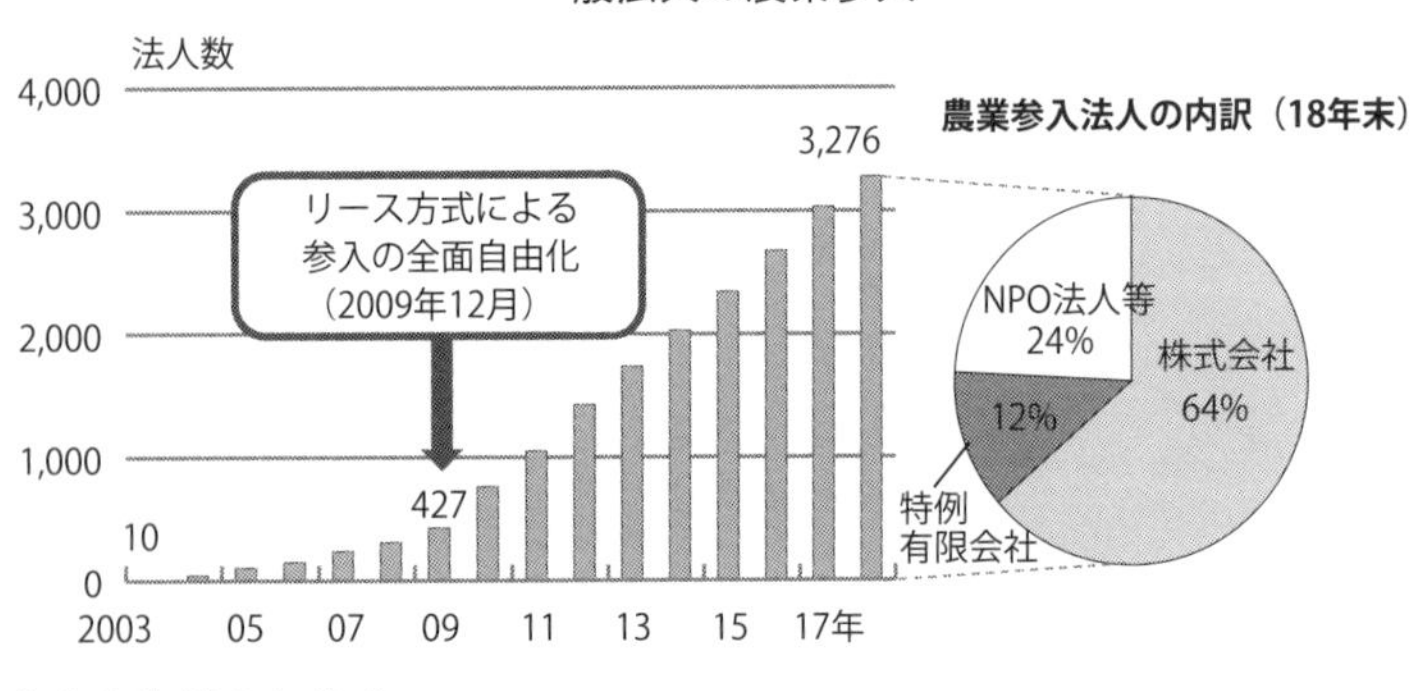

農水省資料より作成

したこともあるが、企業が農家と提携してフードチェーン農業を作る動きも盛んに見られるようになった。企業と農家の垣根が非常に低くなった。これからの農業にとって非常にプラスだ。

――安倍政権の農政は産業政策に偏りすぎて地域政策が弱いとの指摘もある。

農水省の地域政策とは何かということを考え直さないといけない。地域政策は必要で、地域の維持は非常に大事なことだ。実際に誰が維持しているのか、中山間地域の耕作放棄地を誰が耕作しているかと言うと、例えば大規模農業経営者だ。彼らが何のために農業をやっているのかと言うと、人づくりや地域づくりだ。

だから、農業経営を成長させることは地域づくりとなる。それを産業政策と言うのか地域政策と言うのかということだと思う。地域経済を担える人が出てこないと、地域政策は実行できない。地域で良い経営者が出てこなければ、地域経済は豊かにならないし、雇用も生まれない。そもそも農政で地域政策と産業政策を分ける必要があるのか考えた方が良い。

◇農業経営者がビジネス革新を

――中央から地方に権限や財源をもっと移譲すべきだとの意見もある。

それは正しい主張だが、実際にはできないだろう。1970~80年ごろには市町村や都道府県に骨のある課長らがいて、自治体農政をやろうとしていた。しかし、この30年間はほとんど見られなくなった。まず権限の移譲ができないだろうし、移譲されたとしても、何か新しいことをできる人がすぐには出てこないだろう。

――令和の課題は何か。

制度改革はほとんど終わり、これからはビジネス革新が起こる。ビジネス革新は個々の経営者の力量にかかっている。それは官庁とは関係のない話だ。

成長産業化のフレームはある程度できた。私が農業経営学の研究を続けてきた目的は、農家の尊厳を維持することだ。農業は尊敬される産業にならなければならない。そのために、地域自営業者として農業者がしっかりした存在にならなければならない。そのために必要なのは、輸出やフードバリューチェーンを考える農業、それを支える経営者の増加だ。それによって需要フロンティアを増やしていくことだ。

官邸主導に変化、農政通の政治家は減少

吉田　修・自由民主党本部事務局参与（農林担当）

吉田　修（よしだ　おさむ）
自由民主党本部事務局参与（農林担当）
1947年福島県生まれ。国士舘大学政経学部を卒業後、70年自民党福島県支部連合会事務局に入局。78年党本部事務局に移り、ほぼ一貫して政務調査会で農林担当。専門調査員、首席専門員、参事などを歴任した。
〔著書〕「自民党農政史」（大成出版社）

平成の大半では、自民党が与党として政権を支え、農業ではいわゆる農林族議員が政策決定で大きな影響力を及ぼしてきた。政務調査会で農林分野を長く担当し、黒子として農政に携わってきた党本部事務局の吉田修参与は、安倍政権になって官邸主導で農政が進むことを「時代が変わった」と一定の評価を下しつつ、「党が後退したわけではない」とも強調する。一方で、1996（平成8）年の衆院選から小選挙区比例代表並立制が導入されたのを機に、「農村の事情に詳しい政治家が著しく減少している」と危機感を表明した。

◇内憂外患で平成がスタート

――平成30年間を振り返ってほしい。

昭和の農政は、農業基本法と食糧管理制度と農畜産物の価格安定制度を3本柱として推進された。それによってコメの自給が達成され、コメの過剰時代に入り、コメの生産調整がスタートした。（麦や大豆など）畑作の重点作物が設定された。自給力向上を目指して努力してきた。

一方で、農産物の市場開放の圧力が強まってきた。これは日本が国際社会に生きる国として避けられないことだった。これを乗り越えると同時に、日本農業を強くするという精神で政策に向かわなければならない宿命だった。米国との牛肉オレンジの自由化交渉や、コメの自由化問題が始まり、平成にこうした問題が引き継がれた。内憂外患の中で平成がスタートした。

平成に入ると、自民党が分裂して93年に細川内閣が成立した。ウルグアイ・ラウンド交渉が大詰めを迎えていたが、細川内閣はミニマム・アクセス（ＭＡ）米を受け入れた。その後、（94年6月に誕生した自社さ政権が）６兆１００億円のウルグアイ・ラウンド緊急対策事業を実施したが、それまで進まなかった大区画ほ場整備や水田の汎用化が急速に進んだ。ウルグアイ・ラウンド対策の効果を疑問視する見方があるが、全国の農村で着実に効果が表れている。

◇欧米の「緑の政策」に追随

米国は96年に96年農業法を導入して、国の補助金を過去の作付面積の実績に対して交付するようになった。世界貿易機関（ＷＴＯ）の新貿易ルールに備えたデカップリング政策だ。世界の潮流に農政の軌道を合わせたという意味で、米国は素晴らしかった。欧米はこうした（ＷＴＯで削減対象でない）「緑の政策」に切り替えていくが、日本もそれを見習った。

食糧法が95年に制定され、食糧管理法は同時に廃止された。99年に食料・農業・農村基本法が制定され、従来の農業基本法は廃止された。新基本法には食料の安全保障や農業の多面的機能、都市農業の重要性といった新たな内容が盛り込まれ、農政の指針となった。現在の農政はこれに基づいて行われている。

平成の後半は、経営安定対策やデカップリング政策に磨きをかけるような時代となった。第一次安倍晋三政権以降の農政と言っていいが、攻めの農政が始まり、２００７年には品目横断の経営安定対策を麦や大豆、甘味資源で行う一方、輸出倍増計画を打ち出した。13年に１兆円という輸出目標を立てた。

◇財源で行き詰まった民主党農政

09年に民主党政権が発足し、農政では10アール当たり1万５０００円という農業者戸別所得補償を実施した。しかし、８０００億円もかかり、結局は財源で行き詰まった。財務省から新たな財源を獲得できれば評価は変わっただろうが、それができずに農林水産省内部の予算に踏み込んだ。土地改良事業はもちろん、強い農業づくり交付金、林野庁や水産庁の予算にも手を突っ込んだ。さらに、農家の足元を見てコメが買いたたかれ、生産者米価が下落した。

09年には農地法が改正された。自民党政権の下野前に決まったものだが、企業の農業参入をリース方式で認めるという画期的な法改正だ。自作農主義に縛られて農地集積が思うように進まないため、所有から貸借へと一般法人の参入規制を緩和した。やる気のある担い手に農地を集積するための農地流動化対策だ。それが（12年末に誕生した）第2次安倍政権につながった。

一方で、ＷＴＯでの自由化交渉は頓挫し、それに代わって2国間の自由貿易協定（ＦＴＡ）交渉が平成の中ごろから活発になった。さらに、環太平洋連携協定（ＴＰＰ）交渉が12カ国で始まった。関税をゼロにするという究極の輸入自由化交渉だから、容易ではないと身構えていたが、最終的には（米国を除く）ＴＰＰ11という形で現実妥協的な水準で合意した。交渉妥結後の日本のビジョンを作らなければいけないということで、安倍内閣は13年に農林水産業・地域の活力創造本部を設置した。また、15年の食料・農業・農村基本計画では飼料用米の１１０万トンの生産目標を打ち出し、畜産や果樹でも担い手重視の支援を進めてきた。日米貿易協定も成立し、国内対策が鋭意進められている。

◇農政の課題とゆがみが明らかに

平成の時代は、農政の課題が明らかになったと同時に、農政のゆがみの部分が深刻化してきたことも明らかになった。令和時代の農政では、それらの課題を丁寧にクリアするのが大事だ。

一つは、過疎化や少子高齢化が進み、限界集落が拡大している。耕作放棄地が増大し、今や富山県と同じぐらいの40万ヘクタールに達した。国土面積の1・1％という由々しき問題だ。また、鳥獣被害が全国各地で拡大している。環境省は被害額が減っていると説明するが、現場感覚としてはそうではない。農水省が中心となって鳥獣被害対策をもっと推進しなければならない。

農政は、産業としての農業と、地域振興としての農業という車の両輪で進んでいる。産業としての農業振興は競争力強化という中で農産物の輸出促進まで視野に入れて力強く行われているが、もう一つの輪である農山村の振興という点では施策が強化されないとうまく進まない。地域政策にこれからどう取り組んでいくかが大事だ。

◇農協の地域貢献の支援を

そういう中で、農協の地域貢献への取り組みは支援すべきだ。数ある農業団体の中で、地域との連携を訴えているのは農協だけだ。農協が萎縮すると地域が萎縮する。健全な農協が全国各地で維持されなければならない。農協改革で農協を株式会社にすればいいとか、全国農業協同組合中央会（JA全中）はいらないとか乱暴な議論があったが、問題だ。農協が地域社会に存在するからこそ、農家や農業以外の人も住める基盤が作られている。

一例が厚生連、つまり農協病院だ。全国各地で地域の病院として頼りにされている。農協が利益を中心に考えて病院はいらないということになれば、地域に貢献できなくなる。それからガソリンスタンドだ。先日、山形県鶴岡市で講演したが、農協改革以来、農協はガソリンスタンドから撤退しろという動きになっているとのことだった。農協の会計監査が中央会監査から公認会計士監査になったが、ガソリンスタンドはやめるよう指導されているということだ。しかし、その地域にとって必要だからガソリンスタンドがあり、農家だけでなく地域の人々にも役に立っている。

また、飼料用米に関しては、耕畜連携、つまり水田地帯と畜産地帯の有機的な結合ということをもっと積極的に進めるべきだ。主に豚と鶏になるだろうが、コメを飼料用米として家畜に投与することで、主食用米の転作を進めるということだ。畜産の濃厚飼料は大半が輸入されているから、それを代替できるメリットがある。農水省の畜産部局と（コメ政策を担当する）政策統括官がチームを作って取り組むべきだ。

◇減少する農水省予算

国が生産調整（減反）から手を引いたことで、コメ農政が今揺らいでいる。主食であること、自給率の向上に資すること、多面的機能を発揮することを考えて、令和の時代はコメ農政を強化していくべきだ。具体的には、水田活用の直接支払交付金約３２００億円について、生産者から岩盤として守ってもらいたい、できれば法律によって恒久化してもらいたいと要請されている。

財源を安定確保してこそ農業のビジョンを描くことができる。予算は単年度主義だから不安定だが、それを支える体制が必要だ。

そのためにも、農水省の予算を増やさなければならない。昭和から平成にかけて、農水省予算は政府全体の1割というのが相場だった。金額では3兆円だ。今は2・3兆円まで減っており、これ以上減らせないところまで来ている。人間の体と同じで、農林水産業の体力は予算に表れる。増やす努力を行い、知恵を出さなければならない。

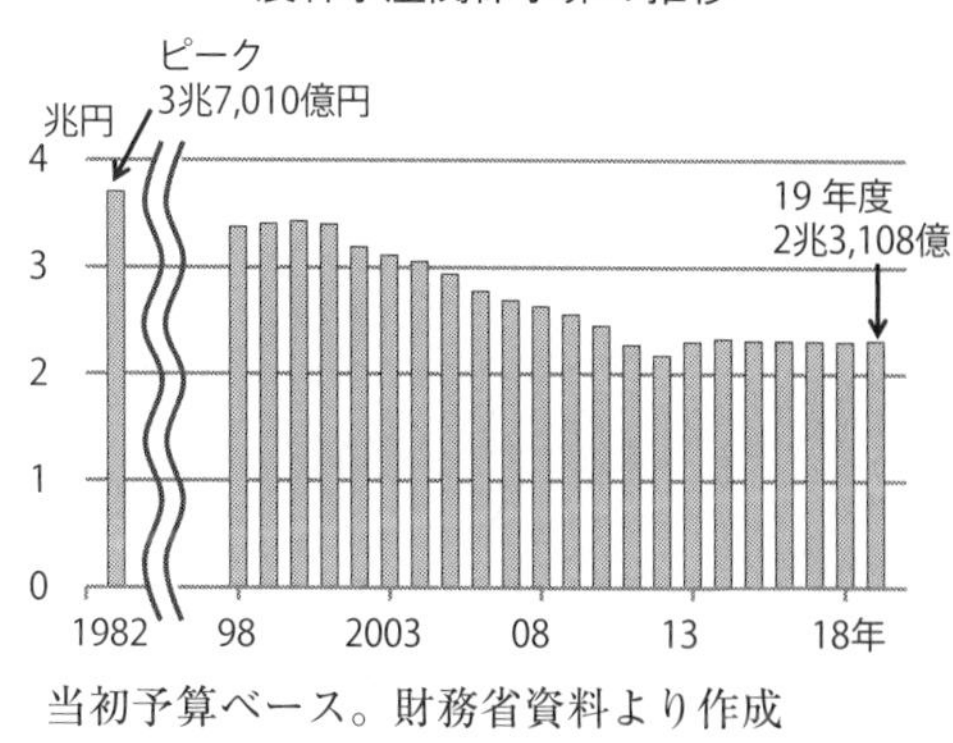

当初予算ベース。財務省資料より作成

◇MA米受け入れに反発

――93年12月にウルグアイ・ラウンドでコメの部分開放を受け入れたのは非自民の細川政権だった。自民党ではどう受け止められたのか。

93年はコメの作況指数が74と、（1780年代の）天明の大飢饉以来の凶作だった。年約1000万トンのコメ需要に対して、約740万トンしか取れなかった。それでタイ米など約260万トンを緊急輸入することになった。そういう混乱した時期だった。

ＭＡ米の受け入れには当然自民党は反発した。しかし、党内にはいろんな考えの人がいた。渡辺美智雄氏は「結局は関税をぐんと高くして外国米が入ってこないようにすればいいのだろう。簡単だろう」と言っていた。ＭＡ米としてコメの輸入を（国内消費量の）４％から８％まで増やすことについて、「黙って見ているのか。関税化しかないんじゃないか」と言っていた。渡辺氏はよく見抜いていた。結局は、98年にコメの関税化を決めた。関税化によりＷＴＯ交渉でのスタンスを強くしようということで、やむを得ない措置だった。

――6兆100億円のウルグアイ・ラウンド対策では、温泉ランドの建設など批判もあった。

都市農村の交流の一環として認めたが、やり過ぎだと批判された。しかし、必ずしも間違ったことではないと思う。地域おこしになっている温泉もある。それより大事なのは、後年にわたって効果を発揮する土地改良事業を行ったことだ。強力な農業農村づくりの財源となった。

ＭＡ米については、その在り方について再検討すべきだと思っている。４％から８％というのは、86～88年のコメ消費が基準だが、当時は１０００万トンだった。関税化したので76万７０００トンのままだ。しかし、現在のコメ消費量は７００万トン台に減っている。１割ものコメがＭＡ米として入ってきており、国産米に影響を及ぼさないことはない。最近の党の会議ではＭＡ米について正面から議論する人はいないが、経緯からして問題の難しさを認識されているからだろう。

◇農水省存続は政治判断

――橋本政権が90年代後半に省庁再編に取り組んだが、農水省は維持された。

1府22省庁から1府12省庁に再編されたが、農水省と法務省と外務省は変わらなかった。当時は加藤紘一氏が自民党幹事長で、江藤隆美氏が総合農政調査会の最高顧問だった。農水省を建設省と合併させる案などが出たが、最後は江藤氏らが加藤氏を訪れ、「君は外務省出身だが、外務省は国益を考えずに妥協する外無省だ。農水省を農無省にすることはできない」などと大上段に構えた。結局、単独の省として名前もそのまま残すことがその場で決まった。極めて政治判断だった。幹事長は最後に「江藤先生に任せる」と語り、江藤氏を立てた。

――09年8月の衆院選で民主党が勝利し、自民党は野党に転落した。

衆院議員が（296人から）119人に激減した。総合農政調査会や林政調査会などの調査会を廃止して、農林部会中心となった。野党時代は3年3カ月だったが、各省では政務3役から「自民党に行くな」ときつく言われていた

省庁再編後の初閣議に臨む（左から）扇千景国土交通相、橋本龍太郎行革担当相、森喜朗首相、宮沢喜一財務相、河野洋平外相 =01 年 1 月、東京・首相官邸（時事）

ため、自民党に来たのは課長クラスだった。陳情も民主党に行くよう言われていた中で、自民党に来たのはＪＡ全中や全国農業会議所、日本酪農政治連盟だ。野党になったとはいえ、有力な団体が来たことは重要だった。

◇官邸と連携して農政展開

――第2次安倍政権になって官邸主導の農政となった。

時代が変わり、安倍首相のリーダーシップで動いている。内閣人事局ができて、政府全体をみながらキャリア官僚の能力を判断し、配置するようになった。農林水産業・地域の活力創造本部の本部長は安倍首相だし、農水相と緊密に連携しながら、官邸が中心となって政府を挙げて必要な政策を打っていくようになった。党も党３役の下で官邸ときちんと連携を取っている。農政の一大事となれば、われわれは農業者に寄り添って政策を進めていく。党が後退したわけではない。

――15年に小泉進次郎氏が農林部会長に就任し、農政改革に取り組んだ。

農業の間口は広く、奥行きが深い。農政をしっかり体得されたと思う。小泉氏個人にとって良いことだったし、党の政策がそれでおかしくなったということはない。農林水産戦略調査会長だった西川公也氏が後見人として見守った。西川氏は「思う存分に動いていいが、われわれが受け取れないものをまとめられても困る」とクギを刺していた。小泉氏が農林部会長に就任した際、松岡利勝氏や加藤紘一氏ら先人や先輩の発言や思いを私から話したことがある。小泉氏から「そういう先輩たちの名言録をまとめて私に見せてほしい。是非参考にしたい」と言われ、まとめたことがある（下表参照）。

◇小選挙区制の影響は大きい

――最近では農林関係の有力議員の落選もあり、農林族の力が低下しているとの指摘もある。

昔のような強力な軍団のような農林族ではなくなった。（食糧管理法に基づく）生産者米価時代は、大蔵省や官邸を相手にするほどだった。農林族でも「ベトコン」や「アパッチ」というグループがある中で、正規軍として総合農政調査会の幹部が7人衆や8人衆として方針を打ち立てていた。今で言うイン

【自民党農林幹部の名言録（抜粋）】

- 農地面積は少ないが、ヘクタール当たりの生産性は欧米と比肩しても高く、それゆえ農地の有効活用が図られている証拠だ。しかし、1戸当たりの農地面積は小さく、農業後継者も育っていない。米国からはコメの市場開放を迫られており、今こそ構造改革に着手しないとこの国の農業は立ちゆかなくなる（93年、石破茂・農林副部会長）
- 欧米のスポーツ競技にはハンディキャップという紳士のルールがある。日本の武道は強いもの勝ちの世界だが、このハンディキャップこそ農産物貿易ルールに適用すべきだ。WTO交渉では各国の農業を認め合う貿易ルールが必要だ。農産物貿易を弱肉強食の世界にさらしてはいけない（98年8月、北京の会合で桜井新・農林水産物貿易対策特別委員長）
- これからは価格支持から所得支持へとかじ取りを替えてWTOルールの緑の政策に沿った方向へ転換する。価格は市場で、所得は政策で守っていく。その第1弾として直接支払いを我が国でも導入する。これが新基本法の精神だ（99年、松岡利勝・農業基本政策小委員長）
- 我々は全ての農家を良くしようと努力してきたが、全ての農家をダメにしてきたのではないか、その反省に立って今後の政策を考えないと、取り返しがつかなくなる（07年11月、加藤紘一・総合農政調査会最高顧問）

ナーだ。そこで大まかな方針を立てて平場の会議に諮り、決して強行採決は行わず、徹底して議論した。

農林部会では1人の反対者が出ることなく決めてきた。反対する人は、採決されそうになると途中で退席し、全員一致で了承されることになる。インナーは、物事を決めるのではなく、方針を共有するための幹部間の意思疎通の場だ。その伝統は今も受け継がれている。

――小選挙区制に変わった影響はどうか。

96年から人口比例の小選挙区制となり、衆院議員定数は東北6県の合計（26）が東京都（25）とほぼ同じとなった。今では東北6県で23に減っている。小選挙区制の導入により、農村の事情に詳しい政治家が著しく減少している。中選挙区制の時には農林議員は確実に確保されていた。ところが、議員の多くが大都市中心になると、農業問題を語らずに当選できる議員が多くなる。反対に、面積で圧倒的に広い地方の声が政治家を通じて中央に反映されなくなる。それは非常に問題だ。さらに、1人の政治家が全ての政策について議論しなければならない立場になると、なかなか農林関係の会議に出席できなくなる。小選挙区制が及ぼしている農林議員への影響は大きいだろう。

高米価で消費減少、負のスパイラルから脱却を

針原寿朗・元農林水産審議官

針原　寿朗（はりはら　ひさお）
東京大学法学部卒業。1980年農水省に入省。食糧庁企画課長、内閣官房内閣参事官、大臣官房予算課長、林野庁林政部長、大臣官房総括審議官、食料産業局長、農林水産審議官などを経て2015年8月退官。15年10月から住友商事顧問。富山県出身。

昭和に導入された生産調整（減反）政策は平成にも引き継がれ、米価が維持される一方、コメ消費量は右肩下がりで減少した。国による生産数量の配分は2018（平成30）年度に廃止されたものの、価格を維持する仕組みは残ったままだ。農林水産省で減反廃止に向けて奮闘した針原寿朗・元農林水産審議官（現住友商事顧問）は「米価が上がれば消費が落ちることが立証された」と分析。減反で価格を維持したら消費が減り、さらに減反を強化するという「負のスパイラル」から脱却するよう訴えた。

◇衰退した30年

――平成30年間の農政を振り返ってほしい。

1989（平成元）～91年の平均と2015（平成27）～17年の平均を比較すると、農業就業人口は540万人から183万人へと3分の1に減り、耕地面積は524万ヘクタールから447万ヘクタールに減少した。カロリーベースの食料自給率は48％から38％に低下し、農業総生産額は11・3兆円から9・1兆円に減った。耕作放棄地は21・7万ヘクタールから42・3ヘクタールへと2倍になった。こうした数字を見ると、平成は衰退した30年と言える。

平成の最初に遭遇したのは、（91年の）牛肉かんきつの自由化だった。一定の関連対策は講じられたが、日米交渉によって牛肉とかんきつ類の市場が開放された。その次が93年のウルグアイ・ラウンド農業合意だ。ミニマム・アクセス（最低輸入量）の受け入れにより、市場が開放された。その次がシンガポールを皮切りとした経済連携協定（EPA）や自由貿易協定（FTA）だ。11カ国による環太平洋連携協定（TPP11）が発効し、平成の最後に欧州連合（EU）とのEPAが19年2月に発効した。

◇国内農政が世界から監視

（94年に）6兆100億円のウルグアイ・ラウンド農業関連対策をまとめた時は、大臣官房予算課の総括補佐として、企画を実質的に担当していた。小泉政権時にはメキシコとのＥＰＡを内閣官房で担当した。ＴＰＰは自分で実際に交渉を行った。いかに国内農業に影響のない形で市場開放を切り抜けるかをにらみながら、グローバル化の流れの中で過ごした。

内政の課題についても、グローバリズムの流れの中で改革が進められた。ウルグアイ・ラウンドでは、輸出補助金と国内助成と関税措置の三位一体の改革が議論され、実際の農業協定に反映された。農政は国内だけでは決められず、グローバルに監視されるようになった。マーケットを重視して、国内補助金は貿易を歪曲しない形にするという思想の中で、国内農政は改革されてきた。

◇保護品目は衰退、自由化品目は堅調

コメについては、まさに世界貿易機関（ＷＴＯ）ルールに則した政策を実現することになった。コメを関税化し、（政府買い入れ価格などを決める）米価審議会を廃止して、米価はマーケットで決まるという一連の政策に移行した。同時に、国内助成措置と米価を切り離す、デカップルするという流れがあった。

農業総生産額は2兆円以上減少したが、そのうち6割以上はコメだ。砂糖など工芸農作物も減った。一方で葉物野菜は増え、自由化が進んだ肉用牛も増えた。非常に皮肉なことだが、一生懸命補助金や需給調整で守ろうとしたものは生産額が減り、ある程度需要に応じて個々の経営判断で

生産できるものは伸びていることに注目しなければならない。

さらに、以前なら考えられなかった大きな経営体がいくつも出てきた。全体が縮小する中で、特定の分野では劇的な増加という現象がある。これを今後にどう生かすかが令和農政の大きな課題だ。経営者やマーケットを信用して、より大きな視点から政策を講じていった方が、長期的には良い結果が出るだろう。

◇「改革と開放を同時に行えない」と痛感

ウルグアイ・ラウンドの最終局面では、食糧庁企画課の総括補佐として、交渉担当者にいろいろなデータを送ったりして裏方で支えていた。その後、予算課に移り6兆100億円の関連対策のとりまとめの実務を担当した。その時に強く感じたのは、「改革と開放は同時には行うことができない」ということだった。

食糧庁時代は、食糧管理法がザル法となり、誰も守っていないのに、食糧庁は改革を拒むと世の中から見られていた。しかし、食糧庁の内部では、コメ交渉を行っている時には交渉に専念し、終わったら一気に長年の懸案を解決すべく改革

政府の「コメ政策改革大綱」が正式決定し、記者会見で発表する大島理森農水相（左）=02 年 12 月、農水省（時事）

に取り組もうと思っていた職員が多くいた。

ところが、ウルグアイ・ラウンドが決着すると、痛みを和らげる対策をまず講じなければならなくなり、改革には痛みを伴う部分があるので同時に行うのは難しかった。改革は開放が予見される前に行い、改革をした後に開放に備えるという順番を間違えてはいけないと痛感した。

コメ政策はWTOルールに合わせていくことになり、新たなコメ政策（96年）、コメの関税化（98年）が決定され、（99年制定の）食料・農業・農村基本法にも反映された。その次に手掛けたのがコメ政策改革だ。02年11月、2段階で減反を廃止するプログラム（コメ政策改革大綱）をまとめた。農水省で省議決定を行い、法律も改正し、プログラム的には実行に移ったが、その後のコメ政策はメッセージ性を失ってしまった。

◇見失った「北極星」

戦後のコメ政策は、政府が全ての流通を管理し、マーケットを完全にシャットアウトするところから始まった。その次に、政府米が主流だが自主流通米を少しずつ導入した時代、その次に自主流通米を主体にして政府米はそれを補完して米価を支える第3世代を経て、国際的な流れの中でマーケットを重視して経営は経営対策で守っていく第4世代となった。

農政や農業関係者、農業団体、農業関係議員の間では、「北極星」としてマーケットを利かせようという数十年間の流れがあり、政治的には前進や後退があったものの、この北極星を見失うことはなかったと私は思っている。一定の方向をみながら農政を作ってきたが、平成の後半にその北極星が見えなくなったように思う。

米価が下がると需給調整を利かせて米価を上げる行動が取られるようになった。コメ政策改革のプログラムでは、国による生産数量目標の配分を07年度に廃止し、10年度には自主的な生産調整も気にせずにマーケットに応じて売れる分をそれぞれが作ろうと目指したが、07年に完全に放棄された。

それ以降、米価が下がるたびに減反を利かせようという動きと、そうではないという動きが交錯し、政策のメッセージが分かりづらくなってしまった。構造政策によって経営を強くすることによって経営を守るという基本法の流れと、需給を均衡させて米価を維持して経営を守るという二つの流れが混在してしまった。現場から見ると、より「猫の目」的になってしまったのではないか。

◇コメの選択減反を目指した石破農政

石破農政の時は総括審議官だった。（農水相や官房長官、経済財政担当相ら6閣僚による）農政改革関係閣僚会合が設けられ、石破茂農水相の下で農政改革に取り組んだ。当時は麻生太郎首相も非常に農政改革に力を入れていた。閣僚会合の下に特命チームが作られ、私がチーム長になった。チームは首相直属の部隊にしようと、私は首相から辞令を受け取り、政権の重大事として政策作りの実務を担った。首相からは何度も「これは国民全体の問題だ」と言われた。

ところが、(09年8月の総選挙で)自民党が下野し、立ち消えになってしまった。石破農水相は、民主党政権に代わるにしても、自分が本来やりたかった「コメの選択減反」について自分の思いを記しておかなければならないと考え、政権交代の前日(9月15日)に「農林水産大臣　石破茂」の名でコメ政策のシミュレーションを発表した。党との調整もせず、政権が続いていればこういう政策をやりたかったという考えを示した。平均生産費と平均米価の差額を全国一律の単価で補塡(ほてん)する補助金を作り、生産調整に参加した人に配るというシナリオだった。

◇安倍政権で石破プランが実現

民主党政権が導入したコメの戸別所得補償は、一律に10アール当たり1万5000円を交付し、交付対象は生産調整参加者のみというものだ。1万5000円は全国平均の生産コストと平均米価の差額だ。これはまさに選択減反と言える。少なくともコメ政策については石破プランを踏襲した形になった。

その後の安倍政権は農政を重要な柱と位置づけ、減反廃止を大きく打ち出した。石破プランは、選択減反を経て、生産数量目標の配分を停止して最終的な姿に持っていくことを想定していた。歴史的にみれば、民主党政権が選択減反を行い、安倍政権が生産数量目標の配分に国の関与を停止することを決めた。私の目から見れば、政権が変わりながら、石破プランが実現しているとも言える。

問題は、政策の中身として（減反による）需給管理政策から構造政策重視の形に移っているかどうか、今後問われなければならない。特に飼料用米の補助金だ。巨大な補助金だから、（削減に向けて）急にかじを切れば現場は大混乱するが、コメ政策は本来どうあるべきか、昔見えた北極星をみんなで見られるようにしてもらいたい。

◇減反は出口戦略とセットで導入

――北極星とは具体的に何を指すのか。

北極星とは、単純な図式で言えば、マーケットメカニズムを利かせながら、経営は経営対策として守ろうというものだ。歴史的に全量管理、完全統制から、一部を開放して部分管理、間接統制に移行していく中で、「今はできないけれど、将来はそこを目指す」という共通認識があった。

減反は69（昭和44）年に試行的に始まり、71年に稲作転換対策として5年計画で本格的に導入された。当時は永続させてはいけないと考えられ、いずれは廃止するプログラムだった。今で言うエグジット（出口）戦略があった。その次は

国の生産調整に反対し、福島干拓地で座り込みをする農民・労組員ら =76 年 9 月、新潟・豊栄市（時事）

（76年からの）水田総合利用対策で、水田をコメ以外の作物の生産装置として活用しようというものだった。コメの消費減少も止まってきたということで、少し甘い見通しで減反を緩めたら、コメの第二次過剰が起こってしまった。

次は78年から9年間の水田利用再編対策として行われた。10年後にはコメと他作物の収益格差をなくし、経済的にはコメを作っても麦や大豆を作っても同じ所得になるというエグジット戦略を打ち出した。その次は87年からの水田農業確立対策だが、ウルグアイ・ラウンド合意があって最後はうやむやになった。これは、3年に1回、水田で他の作物を生産する輪作体系を作れば、33％の減反率を確保できるというエグジット戦略だった。

農政担当者の心の中には、常に減反というものは、後ろめたいもの、本来ならやってはいけないもので、いつかはこの世界から脱却しなければいけないという気持ちがあった。生産調整の脱却論は今あまり明確になっていないが、私がお仕えした諸先輩には、北極星として、将来はこうしようという心の支えがあったように思う。

◇減反廃止は道半ば

——安倍政権は生産数量目標の配分をなくしたが、目安が示され、転作補助金も維持され、実質的な変化はないのではないか。

減反廃止は農政改革の命題だが、それで米価が下落するのは怖いから、地域の目標を残しながら、政府買い入れとほぼ同じ効果を持つ単価の飼料用米推進補助金を交付している。（2000年代初めの）コメ政策改革のときにかなり議論したが、「米価が上がれば消費が落ちる」ということがこの数年まさに立証されてしまった。

コメ政策改革を議論した「生産調整に関する研究会」（座長・生源寺眞一東大教授）で、コメの消費量と平均単価には相関関係がある、つまり需要の価格弾力性があるという資料を私は提出したが、非常に物議を醸した。それまでの考え方は、コメは主食だから価格が上がっても消費は減らないというものだった。消費が減るのは政策的な努力が足りないからであり、一生懸命コメを食べてもらうよう喧伝すべきだということだった。

良識がある人はこれではまずいと分かっていた。減反をして価格を維持したら需要は減る。すると減反を強化して価格を維持しなければならなくなり、負のスパイラル、縮小スパイラルに陥ってしまう。これが今まさに起こっている。今や麦の消費量の方がコメより多くなった。長期を見据え、分かりやすいメッセージで、現場が困らない手だてを講じた上で新しい時代に臨まないと、

コメとパンへの支出額

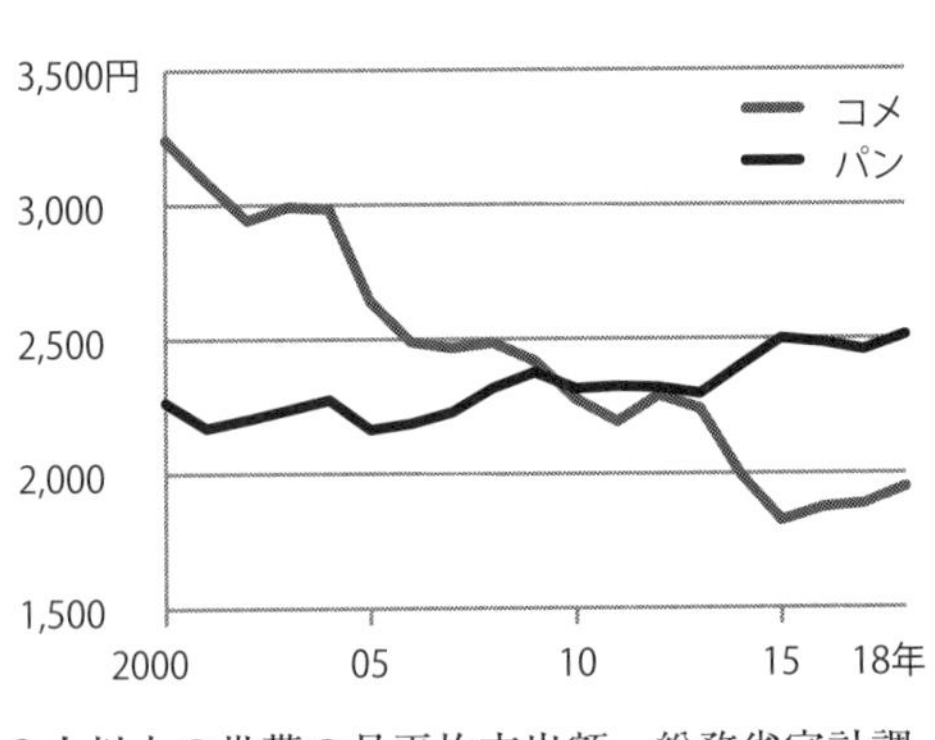

2人以上の世帯の月平均支出額。総務省家計調査より作成

ますます産業規模が縮小することになる。歴史が証明していることだ。

――減反政策をやめさせるために農水省に入ったそうだが、廃止されたとみているか。

みていない。私が高校生の時に稲作転換対策が始まった。富山のコメ地帯で育ったが、水田にペンペン草が生えるようになり、それは減反のせいだと大人たちが騒いでいた。これをやめさせるために農水省に入らなければならないと思った。

◇安倍政権は「改革が先」を実現

――安倍政権の農政をどう評価するか。

安倍政権の農政改革は四つの柱で成り立っている。一つ目は生産面の強化で、農地中間管理機構（農地バンク）による担い手への農地の承継や減反廃止で、規制改革も含まれる。二つ目は最終需要の拡大で、輸出などでマーケットを大きくすることだ。三つ目はそれをつなぐバリューチェーンの形成で、6次産業化で表れている。四つ目は農協を改革して農政改革のスピードを上げることだ。

同時に、安倍政権はTPP交渉に参加すると表明した。安倍政権は過去の政権と違い、改革と開放を同時に行おうとはしなかった。TPP交渉をしている間に一生懸命改革を行い、青写真を作った上で市場開放した。だから、「改革が先、開放が後」ということが実行され、私や多くの農政関係者が苦い思いをしたウルグアイ・ラウンド対策の轍を踏むことがなかった。TPP関連対策も組まれたが、青写真に沿ったところにお金が流れており、ウルグアイ・ラウンドの再来といった議論は起きていない。

◇徹夜で議論したウルグアイ・ラウンド対策

――94年10月にまとめられたウルグアイ・ラウンド対策の6兆100億円では、温泉ランドの建設など無駄遣いとの批判もあった。

政治的な相場として、「1年1兆円、6年6兆円」とみんなが心の中で思っていた。村山内閣だったが、徹夜で議論した。最初に政府が自民党に提示した総対策費は3兆5000億円だったが、「ふざけるな」と大騒ぎになった。10兆円ならキリがいいという勢いもあり、それを冷ますための3兆5000億円だった。

次に提示したのが5兆7000億円で、だんだん相場に近づけていった。国費ではなく総事業費だが、全て根拠のある数字だ。翌朝まで議論し、最終的に6兆74億円で手打ちすることになったが、

【ウルグアイ・ラウンド対策事業費の内訳（1994～2001年度）】

農業農村整備事業（公共）	31,750	（17,600）
その他の事業（非公共）	28,350	（ 9,121）
うち農業構造改善事業	12,050	（ 5,572）
融資事業	8,300	（ 675）
その他事業	8,000	（ 2874）
事業費合計	60,100	（26,721）

（注）単位億円、財務省資料より作成、カッコ内は国費

6兆74億円ありきではない。新規就農者の目標や金利など全て根拠がある数字だ。国費は約2兆7000億円でほとんどが公共事業だったが、実際にはこれがキャップとなった。道路や河川の公共事業にたくさん予算がついても、農業公共にはこのキャップがかかり、公共事業でのシェアは落ちている。よく「6兆円のばらまき」と批判されたが、道路や河川など他の公共事業との比較を行った上で評価をしていただければ幸いだ。

◇自給率目標は極めて問題

――カロリーベースの食料自給率は低下しているが、政策目標にすることに今でも賛否がある。

新基本法をつくるときに自給率目標を書き込むかで大論争となり、当初は農水省は反対した。しかし、与党が書き込むよう強く要請し、結果的に書き込まれた。どの自給率を使うかは明記されていない。

総括審議官の時、農政全体の総合評価指標として、食料自給力の指数を開発しようと省内で呼び掛けたことがあるが、なかなか実現できていない。ただ、農政の採点をカロリーベースの自給率を中心に行うことには極めて問題がある。農政全体の採点としては全く使い物にならない。自給率の上昇や低下については、日本人の食生活に日本農業がどれだけ対応できているかをみる指標として一定の意味はある。しかし、農政全体の点数評価を示す指標を開発すべきだろう。

――カロリーベースの食料自給率は37%だが、食料安全保障上どうみるか。

食料安全保障を考える際には二つの方式がある。一つは英国が一部採用しているが、食料の調達についてのリスクマネジメントをすることだ。食料調達のリスクとは、輸出国の港湾のストライキや干ばつ、国内の流通の混乱などいろいろある。頻度が多く影響が大きいものについて、常に監視するというのが食料安全保障の合理的な姿だ。（総括審議官として関わった）10年の食料・農業・農村基本計画にそういう要素を書き込んだ。

もう一つは、リスク管理ではなく、本当に起きた場合の代替措置をどうするかだ。ゴルフ場にイモを植えるとかそういう話になるが、それが食料自給力だ。ゴルフ場にイモを植えようとしても、植える技術や種芋がなければ実行できないからだ。

コメ関税化拒否は判断ミス、身勝手な緊急輸入

生源寺眞一・福島大学食農学類長

生源寺　眞一（しょうげんじ　しんいち）

愛知県生まれ。東京大学農学部卒業。東京大学農学部教授、名古屋大学農学部教授などを経て、2017年4月から福島大学教授。19年4月から現職。東京大学農学部長、日本フードシステム学会会長、日本農業経済学会会長、食料・農業・農村政策審議会会長などを歴任した。

〔主な著書〕『現代日本の農政改革』（東京大学出版会）『日本農業の真実』（筑摩書房）『農業がわかると、社会のしくみが見えてくる』（家の光協会）『『いただきます』を考える』（少年写真新聞社）など

日本政府は1993（平成5）年末に大筋合意したウルグアイ・ラウンド交渉で、コメの関税化をいったんは拒否しながら、5年後に受け入れに転換した。この結果、国内消費量の5％（約53万トン）にとどめることができたミニマム・アクセス（最低輸入量）は7・2％（約77万トン）に拡大した。後に食料・農業・農村政策審議会会長などとして農政に大きく関わった生源寺眞一・福島大学食農学類長は「最初から関税化を受け入れるべきだった」と述べ、当時の政府の判断は誤りだったとの認識を表明。93年産米が大不作になると約260万トンの緊急輸入に踏み切ったことにも触れ、「1粒たりとも入れないと言っておきながら、自分の都合が変わった途端に入れるのは、どう考えてもおかしい」と指摘した。

◇欧州に比べ受け身の日本

――平成30年間を振り返ってほしい。

農業政策に直接関わるようになったのは、1997（平成9）年4月、（農政改革に関する首相の諮問機関）食料・農業・農村基本問題調査会に専門委員として入ったのが最初だった。その前にも畜産の審議会など多少は関与していたが、90年代前半までは外から見ていた感じだった。90～91年には英国のケンブリッジ大学の客員研究員となり、当時は欧州で農政改革の動きが非常に盛んになったため、欧州農政についてずいぶん勉強した。これが農業政策を研究の対象としたきっかけとなった。日本に戻ってきてしばらくしたら、92年6月に「新しい食料・農業・農村政策の方向」（新政策）が公表されたが、本当に真面目に読んだ。欧州の共通農業政策（CAP）改革も92年のほぼ同じ時期に打ち出された。

日欧を比較すると、欧州の方は大詰めを迎えていたウルグアイ・ラウンド交渉の落としどころをにらみ、価格支持型から直接支払型に大きく転換する方向を出していた。これに対し、日本の方は、コメ政策が象徴的だった

コメ関税化について記者会見する中川昭一農水相（中央）、桜井新自民党農林水産貿易対策特別委員長（左）、原田睦民JA全中会長＝98年12月、農水省（時事）

が、具体的なことはほとんど先送りされていた。ウルグアイ・ラウンドの結果を見なければ判断できないということだった。

欧州は落としどころを探り積極的に動いたが、日本は受け身の体質ということを強く感じた。ただし、食料、農業、農村という三つの政策ジャンルをきちんと提示したのは新政策が初めてだった。そういう意味で、高く評価すべき面と、欧州と比べると一歩遅れている面があると感じた。

◇成熟社会に対応した新基本法

ちょうど30年前の1989年12月に日経平均株価が最高値をつけ、その後バブルは崩壊した。ベルリンの壁が崩壊したのも89年11月だった。政治体制は国際的に大きく動き、日本経済は成長一本やりの時代に別れを告げることになった。最近の農政で再び「成長」と言われるようになり、ちょっと待ってほしいと思う。30年前に一度決別したはずの古い社会、古い体制に戻ろうとしているのではないか。

基本問題調査会で、新たな食料・農業・農村基本法の制定に向けた議論を行ったが、象徴的だったのは、歴史学者で農業が専門でない木村尚三郎氏（東京大学名誉教授）が

「ベルリンの壁」崩壊を喜ぶ人々 =89年11月、ドイツ・ベルリン（EPA=時事）

会長に就任したことだ。木村氏は「国民的な議論」を強調していて、会合でもそういう空気に満ちあふれていた。61年に施行された農業基本法は、農業者の地位向上や自立経営など農業一本やりだった。その時代は終わり、食料・農業・農村政策は国民全体のもので、国民全体の利益になるということだ。経済成長から成熟へと、時代の転換をきちんと農政の分野で受け止めたものだった。

◇懐疑派が多かった自給率目標

――食料自給率目標の是非も議論になった。

自給率目標については、懐疑的な人の方が多数派だった印象だ。私自身も自給率目標には疑問だった。目標を立てるなら、食べ方も規定しないといけないが、経済学の観点では、何を食べるかは一人ひとりの自由に委ねるべきことだからだ。何をたくさん食べて何を減らせとか、国が言うのはおかしいと考えていた。

これに対し、栄養学や公衆衛生学の専門家から、国が方向を示すのは当然だという意見があった。食べ過ぎや栄養バランスの崩れで生活習慣病など病気になれば、医療という社会的なシステムに支えられることになる。好きなものを自由に食べて病気になったとして、自分で責任を取るなら良いが、そうではない。結局、社会が負担することになる。私はそういう考え方もあるんだなと思った。最終的に経済学が譲歩したような格好になった。

自給率以外にもいくつか争点があった。株式会社の農業参入については、ネガティブな答申になりそうだったが、中立的なポジションに戻したように記憶している。全体として、政府としてこちらの争点は譲るけれど、こちらは貫くといった政治的な駆け引きもあったようだ。

私も調査会で発言した記憶があるが、旧基本法は時代がたつにつれて規範性を失ったので、新基本法の下では基本計画を作ろうということになった。おおむね5年ごとに10年間の政策の方向性を食料・農業・農村基本計画として作ることになった。新基本法が成立したのが99年7月で、(2000年3月に閣議決定された)最初の基本計画では議論の時間が十分でなく、(カロリーベースで45%という)自給率目標を作るので精いっぱいだった。その時は食料・農業・農村政策審議会の専門委員だった。

◇生産調整研究会でウルグアイ・ラウンドを検証

05年の基本計画の際は審議会の企画部会長として、事務方との事前打ち合わせもかなり行った。この時は1年以上議論したが、最大の問題は経営所得安定対策だった。

基本計画に先立ち、02年に「生産調整に関する研究会」の座長を務めており、研究会は米価下落の影響緩和対策を打ち出していた。コメの生産調整(減反)が続く中で、市場の価格変動に対して補塡(ほてん)をするものだが、担い手に対しては厚みを増すという方向だった。この仕組みをコメから作物全般に広げていくことになり、ずいぶん激しい議論もあったが、何とか方向を出した。

生産調整に関する研究会は、最初は当時の稲作経営安定対策を見直すぐらいの話かなと思っていたが、始まってみるとコメ政策全般を変えるという話になり、とんでもない役回りをさせられたと感じた。通常はこういう会議にはシナリオがあるが、この研究会ではシナリオらしいシナリオはなかった。

ウルグアイ・ラウンドのこともかなり議論したが、日本農政はまずいことをやっていると思ったことがいくつかあった。日本は最後のヤマ場になってもコメの関税化は絶対に譲らないということで、ミニマム・アクセスが（国内消費量の）3%から5%ではなく4%から8%に加重された。ただ、途中で関税化を受け入れたので、7・2%となった。現実的に考えれば、他の国を見ても、ものすごく高い関税を課すことで、実際に入ってくることはない。最初から関税化を受け入れて5%で終わるべきものが、7・2%になったダメージは大きい。

食糧庁の石原葵長官（左）に最終報告書を手渡す「生産調整に関する研究会」の生源寺眞一座長 =02 年 11 月、農水省（時事）

◇「1粒も入れるな」から大量輸入へ

もう一つは、日本が外国からどう思われるかと心配したのが、93年のコメの大不作の時だ。作況指数が74となり、250万トン余りをタイなどから緊急輸入することになった。当時は与野党問わず、ウルグアイ・ラウンド交渉で「コメは1粒たりとも入れるな」と言っていた。それなのに、舌の根も乾かぬうちに、不作になった途端に大量に輸入した。自分の都合が変わった途端に入れるというのは、どう考えてもおかしい。昔はイモを結構食べていたし、国内で頑張ることはあり得ただろう。こんな国が世界で本当に信用されるのかと思った記憶がある。

もう一つは、よく言われているが、ウルグアイ・ラウンド対策の6兆100億円だ。対策が打ち出された94年秋に欧州に行く機会があったが、農政の関係者から「そんなに金があって本当にうらやましい」とからかわれた。あの6兆100億円は、まさに政治的に決まったものとしか言いようがなかった。

一般論として、生産基盤を強化することで競争力を高めるという考え方は成り立つ。しかし、「こういう影響が出るから、それを防ぐため、こうした政策が必要で、これだけの費用がかかる」という組み立てではなかった。要するに、「1年1兆円」を強調するプロパガンダでしかなかった。

実の入っていない耐冷品種「はなの舞」の稲穂を細川護熙首相（中央）に示し、冷害の実情を訴える高橋和雄山形県知事=93年10月、首相官邸（時事）

◇乱暴なＴＰＰ影響試算

環太平洋連携協定（ＴＰＰ）では、影響評価の試算が乱暴だった。13年3月の政府統一試算では、ＴＰＰ参加による経済効果は3・2兆円としていたが、（15年10月の）12カ国による合意後、15年12月には13・6兆円とされた。計算方式を変えることで、経済効果が大きく出るようにしている。

もう一つは、農業の影響評価についてだが、普通は外国からの輸入が増えて国内生産が減る場合にそれを影響と言う。その影響に対して対策を打ち、その結果として影響はこれだけ小さくなるということになる。つまり、ＴＰＰに参加する場合としない場合を比較して、影響がこれだけあり、これに対して対策を打つとこうなるということだ。ところが、農業の影響評価については、ＴＰＰによって輸入がこれだけ増えるが、対策を打つので輸入はこれだけに限定される、その結果を影響と言っている。これは非常に問題がある。

第2次安倍政権になって気になるのは、都合の良いデータばかりを国民に提示していないかということだ。よくＥＢＰＭ（エビデンス・ベースト・ポリシー・メイキング、証拠に基づいた政策立案）と言われるが、今はポリシー・ベースト・エビデンス・メイキング（政策に基づいた証

TPP 交渉の大筋合意を記者会見で表明するフロマン米通商代表部（USTR）代表（中央）ら閣僚。左から３人目は甘利明 TPP 担当相＝ 15 年 10 月、米アトランタ（時事）

拠づくり）ではないか。第2次安倍政権の一つの特徴は、情報発信が極めて上手だということだ。逆に言えば、民主党政権があまりにも下手だったのかもしれない。集票戦術の色彩が強かった。

◇自民党が先祖返り

——生産調整に関する研究会ではどんな議論が行われたのか。

コメに関する制度や政策を全て視野に入れて議論したことの意味はあった。当時は生産調整を廃止するという方向ではなく、「主役の交代」という言葉を使っていた。国、地方自治体、地域の末端に生産目標数量を配分し、それに従ってもらう仕組みから、基本的には農業団体にやってもらうよう転換することになった。問題は、行政がいったん手を引くとして、農業団体がそのまま長期間続けるのかどうかだが、その辺の展望については研究会としては方向を出していなかった。

04年に新しいシステムになって、07年からは主役を交代し、農協に委ねることになっていた。ところが07年7月29日の参院選で民主党が圧勝したことで、生産調整については自民党が先祖返りのようになってしまった。この時には、（支援対象を担い手農家に絞る）経営所得安定対策についても民主党は選別政策だとたたいた。こちらについては、市町村長が特認すれば規模が足りなくても担い手とみなして支援することになった。この点にはさほど違和感はなかった。

◇功罪両面の戸別所得補償

その後、09年8月の衆院選で民主党が再び圧勝して政権交代が起きた。そして戸別所得補償制度が導入された。コメに限定すると、選択的な生産調整という面があった。つまり、戸別所得補償がほしいなら生産調整をやりなさいというシステムだ。生産調整の政策として読み替えれば意味のあることだった。プラス面もあった。

一方で民主党が強調していたのは、戸別所得補償があれば小さな農家でも生き残れるということだった。10アール当たり1万5000円だが、これによって1ヘクタールぐらいの農家が営農を続けられることは、実際にはない。選挙向けのプロパガンダだった。

（08年9月に就任した）石破茂農水相は減反の在り方について問題提起をした。その後、減反を廃止したらどうなるかとか、維持したらどうなるかとか、いくつかのシミュレーションを示している。意味があったのは、生産調整をずっと続けていくのか、あるいはどこかでソフトランディングを考える選択があるのかと意識されたことだ。さらに、農水省が試算を提示するという手法を使ったことはそれまでなかった。いくつかの代替案がある中で、どれを選ぶかということで、政策の手法として非常に面白いトライアルだった。

◇BSEで食品安全政策に重い課題

――01年にはBSE（牛海面状脳症）が国内で確認された。

疑いが確認されたのが01年9月10日だった。次の日が米同時多発テロだったので、非常に奇妙だったが、1週間ほどは同時多発テロの報道一色で、一息つくとBSEが騒がれるようになった。農水省というより、食品安全政策に重い問題を投げかけた。

BSE問題に関する調査検討委員会の報告書（02年4月）には、「フードチェーン」という言葉が多く出てくる。食の流れという観点から安全を確保する観点が欠如していたと指摘された。つまり、と畜場に行くまでは農水省、と畜場からは厚生労働省、最後の流通には経済産業省なども関与するが、それぞれがバラバラだったということだ。

その後、牛のトレーサビリティーのシステムが（03年に）導入され、個体識別番号で追跡できるようになったのは非常に意味があった。食べ物は高度に選択的なものなので、いろいろ選ぶことができるが、なくては生きていけない絶対的な必需品でもある。食の安全が脅かされるということは、食料がなくなることだと改めて考えさせてくれた。

BSE問題に関する調査検討委員会の高橋正郎委員長（左、女子栄養大学大学院客員教授）から報告書を受け取る武部勤農水相（右）と坂口力厚生労働相=02年4月、農水省（時事）

◇迷走する農地政策

——第2次安倍政権以降の農政をどう評価するか。

あまり評価できない。コメの生産調整が廃止されたと言えるかどうかは非常に微妙だ。飼料用米への10アール当たり最大10万5000円の補助金が主食用米を大きく抑えることになっている。これは水田が余っているので、食用ではなくエサ米を作付けして、それを畜産が使って下さいというプロダクトアウトの発想だ。マーケットインの発想では、畜産ではエサとして何を欲しいのかをまず考えなければならない。コメではなくトウモロコシか他のエサかもしれない。

あとは農地中間管理機構（農地バンク）だ。農業は自然を相手にするからもともとリスクはあるけれども、今は政策そのものが変わるから、政策のリスクが大きくなっている。これまでは経営所得安定対策や戸別所得補償のように所得に直結する政策は振れが大きく、これをリスクと言ってきた。対照的に、農地政策はしっかりした法律に基づいて比較的安定していたのに、そうではなくなった。

09年に施行された改正農地法により、12年4月から農地利用集積円滑化事業が動きだした。市町村ごとに農地利用集積円滑化団体を設立し、小規模な兼業農家などが誰に貸すかを指定しないで農地を出すというものだ。その後、13年に農地バンク法が成立し、14年4月から都道府県の農地バンクが仲介するシステムを作った。つまり、市町村段階で農地を仲介するシステムを作った

2年後に、今度は都道府県段階のものを作ったということだ。

その後は担い手への農地集積率8割という目標を掲げ、農地バンクの成果をどうやって上げるかに血眼になっている。しかし、2年前に始まった円滑化団体で頑張って農地の貸し借りが進展していれば、農地バンクで成果は生まれにくい。農地を集積し、耕作放棄地が生まれないよう使っていくのが上位の目標であって、農家がそれぞれにふさわしい制度を利用すれば良い。それなのに、こちらの制度に全部流せというのは本当に不自然だ。制度そのものが自己目的化してしまっている。

◇農業所得倍増戦略には疑問

――安倍政権では官邸主導が強まっている。

農政に限らず、政策全体が官邸主導になっている。成長を非常に強調しているが、成長の余地があるのなら、今の時代で全部取ってしまうのではなく、少しは後の世代に残すことがあって良い。個々の企業や農業経営者が最大限の成長を目指すのは自然なことだ。ただ、国全体としてできることを全て短期間で最大限に政府が実現しようとするのは本当に良いことなのか。

15年の基本計画を作った時、農水省は非常に苦労したと思う。(食料・農業・農村政策審議会会長として)幹部と事前の打ち合わせで多くのやりとりをした。自民党が農業・農村所得を10年で倍増させるという戦略を打ち出しており、それを基本計画の中に織り込めないかということだった。10年で倍ということは、年率7・2％の成長だ。生産性の向上だけでそれを実現できるはずがなく、そもそもめちゃくちゃな話だ。私はダメだとやりとりした覚えがあるが、最終的には事例的な数値を提示し、6次産業化などを足し合わせると何とか実現できるかのような書きぶりになった。

◇新基本法は「成長」でなく「発展」

以前は、経済企画庁（現内閣府）も農水省も他国の動向もみながら手堅い目標を立ててきた。（1961年に）農業基本法が施行され、「畜産3倍、果樹2倍」というスローガンを出した時もそうだった。多少は膨らませた部分があったにせよ、根拠なく農業・農村所得を倍にするようなことは言ってこなかった。自民党が倍増という目標を打ち出したことに振り回された。

食料はそんなに大もうけできるものではない。しかし、ものすごく安定感がある。（08年の）リーマン・ショックの後、製造業はガタガタになったが、食品製造業は少し落ちたぐらいだった。そういう産業の強さのようなものを強調すべきではないか。戦後最長の経済成長と言われている

日経平均株価は26年ぶりの安値水準。下落幅は一時500円を超えた=08年10月、東京・中央区（時事）

が、目下の成長率はかつてとは比べものにならないほどわずかだ。もちろん成長を否定するわけではないが、今ある資源や可能性を全て即座に実現しようと考えるのは危ない。その結果、次に何が起きるかまで政府は考える必要がある。

30年前にバブルが崩壊し、成長一本やりの時代からそうではない時代に入った。20年前にできた新基本法は成熟時代のビジョンを提示した。基本法には「発展」という言葉はあるが、「成長」という言葉は一切使われていない。時代の変化を大局的にとらえたものだった。

◇開かれた農協に

――農協はどうあるべきか。

戦後に限れば、農協には二つの特徴がある。一つは、途上国型の協同組合で、国が利用するという意味合いが強かった。ガタガタだった農協経営をてこ入れし、強力な指導組織を作るために1954年に中央会を法定した。農協改革によって中央会が連合会のような形になり、本来の協同組合に近づいた感じがする。同時に、政府が所得増大など協同組合の目的を言うことはおかしい。所得増大以外の目標を掲げる農協があってもおかしくない。

もう一つは、農協は閉ざされた組織であり続けてきたことだ。農村社会をベースにしているので、やむを得ない面はある。しかし、その地域で生まれ育っていない人が農業をやることが増えており、閉ざされた組織ではなく、開かれた協同組合に少しずつ移行しなければならない。

一方で日本の農協には三つの顔がある。一つは純粋な協同組合的なものだ。もう一つは、政治的なプレッシャーグループであることだが、この力は弱まっている。自民党農林族の力が弱くなっていることとも重なっている。三つ目は、農政の手伝いをするとか、末端での実施者であることだ。これに関しては、規制改革の議論では農協にいろんなことをさせるのは避けようという動きになっている。

准組合員に関しては、組合員なのに議決権がないのは協同組合としてはおかしい。完全に1票とするかは別として、意思決定に参加できるシステムを作ることが大事だ。もう一つは、准組合員が意思決定に参加するのなら、それなりに農協の活動に関係することになる。信用事業や共済事業だけではなく、販売や購買の分野にも関与することが大事だ。

担い手集中は問題、地域農業単位で支援を

冨士重夫・元ＪＡ全中専務理事

冨士　重夫（ふじ　しげお）

中央大学法学部卒業。１９７７年４月全国農業協同組合中央会入会、食料農業対策部長、農政部長、基本農政対策部長などを経て、２００６年常務理事、09年６月～15年５月専務理事。17年から蔵王酪農センター理事長。

平成の間では、農業の生産拡大や競争力強化を目的に、大規模専業農家など担い手への政策支援が強化された。全国農業協同組合中央会（ＪＡ全中）で専務理事などを務めた冨士重夫・蔵王酪農センター（宮城県蔵王町）理事長は「兼業農家を外し、担い手にだけ集中すれば良いというのは問題だ」と指摘。「ある程度まとまりのある『地域』という単位で農業を活性化させていくべきだ」と訴えた。

◇非自由化品目を認めないウルグアイ・ラウンド

――平成を振り返ってほしい。

平成は農産物自由化の歴史だったと改めて思う。それに関連して国内政策も変遷してきた。昭和の終わりから日米貿易摩擦が激しくなり、牛肉やオレンジの輸入枠をどんどん広げ、輸入量を増やした。そういう中でＧＡＴＴ（関税貿易一般協定）ウルグアイ・ラウンドが１９８６年（昭和61）年にスタートし、１９９３（平成５）年に決着した。合意を受け入れたのは非自民の細川政権だった。後に環太平洋連携協定（ＴＰＰ）交渉の参加を検討すると表明したのは民主党政権だった。自民党政権でなくても農産物の自由化を推進していった。

ウルグアイ・ラウンドの最大の特徴は、原則として非自由化品目を認めないことだった。どんなに高くても全ての品目に関税率を設定して、段階的に下げていくということだ。ただ、それは原則であって、例外として非自由化品目を一部認めることになり、日本はコメを非自由化品目とする選択をした。その代わり、ミニマム・アクセス（最低輸入量）として、一定量を輸入することになり、国内消費量の４％から８％へと（２０００年度までの）５年間にわたり毎年０・８％ずつ拡大することになった。

当時の国内消費量は約１０００万トンだったから、ミニマム・アクセスが８％というのは80万トンだ。次第に需給状況に影響を及ぼし、とても無視できなくなり、98年に関税化に踏み切るこいる。

とを決めた。8%に引き上げられる1年前だったから、7・2%、77万トンとなり、固定されて

◇まさかのドーハ・ラウンド決裂

94年から98年まで自社さきがけ政権が続き、99年に自公政権が誕生した。自公政権の下で01年に世界貿易機関（WTO）ドーハ・ラウンドが始まった。原則として全て関税化した上で、高い関税率の品目ほど関税率を大幅に下げるという交渉だ。一方で、各国のセンシティビティーに配慮し、タリフライン（関税分類）の数パーセントの範囲内で、削減率が通常より小さくて済むセンシティブ（重要）品目を設けることになった。

もめたのは、センシティブ品目に何を入れるかということだった。コメは当然として、小麦、乳製品、砂糖、牛肉となり、豚肉をどうするかという話になった。どこまで認められるかについて、われわれは10%を要求し、政府は8%を確保したいと言い、各国とは5%や6%という交渉になった。

08年7月にスイス・ジュネーブで開かれた閣僚会合では、中国とインドがテーブルをひっくり返して決裂した。私も現地にいたからよく覚えている。最初は1週間の予定で行ったが、どんどん伸びていく。伸びているということは、絶対にまとめようという気持ちだったと思う。何とかまとまりそうだということになり、宮田勇会長らJA全中の代表団は日本に帰ることになった。

私は現地に残ったが、見送った翌日に決裂して、「こういうことがあるのか」と驚いた。

ドーハ・ラウンドのこう着状態が続く中で、各国は業を煮やして自由貿易協定（ＦＴＡ）や経済連携協定（ＥＰＡ）の交渉を本格化させた。日本は多国間交渉が基本で、特定の国と交渉はしないという方針だったが、転換した。農産物がほとんどないシンガポールから始めて、メキシコなどとも行った。

◇日豪ＥＰＡで国会決議の原型

そうした中で、06年にオーストラリアとも交渉するという話になり、大騒ぎとなった。それまでＦＴＡやＥＰＡはアジアの国々というのが基本戦略だったが、第１次安倍政権の時に安倍晋三首相が言ってしまった。豪州は農産物輸出大国で、コメも砂糖も牛肉も乳製品もある。ドーハ・ラウンドで重要品目と位置づけてきたものが全部入っている。だから、豪州と交渉するなんてあり得ないとわれわれは大反対した。

しかし、結局交渉入りすることになり、自民党の農林水産貿易対策委員長だった大島理森氏は「首相がやると言ったものを止めることはできない。やるけれども、たがをはめる」と言った。ドーハ・ラウンドでの重要品目を豪州とのＦＴＡでは除外しようと自民党が決議したら、野党も賛成し、国会決議になった。これがその後のＴＰＰなどの国会決議の原型になった。大島氏がＦＴＡやＥＰＡでわが国の重要品目を除外するというたがをはめたのはとても大事なことだ。

◇民主党政権も自由化推進

その後、09年に民主党政権が誕生した。政権交代が確実だという8月の衆院選では、戸別所得補償を掲げる一方、日米FTAを締結するとも言った。自民党でなくてもそういう考えが根底にあるということだ。その後、菅直人首相が（10年10月に）TPPに参加を検討すると表明した。

民主党政権は戸別所得補償を打ち出し、WTOやFTAと両立できるとアピールした。WTOは国内政策も縛ろうとして、所得補償や不足払いは「黄色の政策」として将来的には削減対象となる。政策としては極めて脆弱（ぜいじゃく）だけれども、民主党は両立できると主張した。

ドーハ・ラウンドは既に決裂していたから、WTOでやり玉に上がることはないという読みがあったのだろう。FTAやEPAは関税を下げるかどうかの話で、国内政策をどうしろという話にはならない。国内政策のフリーハンドを持てるという点で、WTOやGATTの交渉と決定的に異なる。民主党政権は結局TPP交渉に参加検討のままで終わった。（12年末に）第2次安倍政権が誕生すると、13年に交渉に参加し、15年に妥結した。

記者会見でTPP交渉への参加見送りを訴えるJA全中の萬歳章会長（右）と冨士重夫専務理事＝11年11月、東京・千代田区（時事）

◇国内政策も縛るＷＴＯ

ＷＴＯやＧＡＴＴ体制の特徴は、各国の農業政策も縛るということだ。一つは国内保護水準としてＡＭＳ（助成合計量）を定め、この水準を下げていくことを規律として定めている。もう一つは、国内政策を「黄色の政策」や「緑の政策」に分けたことだ。「黄色の政策」は、価格支持や不足払い、所得補償など個別品目ごとに支払うもので、年々削減していくというルールだ。「緑の政策」は、環境支払いなど生産に直接関係しないもので、削減対象ではない。

95年に食糧管理法から食糧法に移行するが、食管法では政府がコメを買い入れて売り渡していたから、政府による直接支持としてＡＭＳが非常に大きくなる。これをなくさないとＡＭＳが膨大になり、他の品目も守れないため、政府買い入れをやめた。それ以降、政府の買い入れは備蓄だけになった。

99年に食料・農業・農村基本法が施行されたが、環境支払いや農村の景観維持のようなものを緑の政策と位置づけた。これもＷＴＯ体制下での国内農業の規律という枠締めから来ている。

◇「黄色の政策」からの脱却

食管法から食糧法というのは、政府買い入れをやめて備蓄米だけにして政府関与を縮小するのが基本だが、減反政策で「ネガ」から「ポジ」への移行も行われた。ネガとは減反面積を例えば

100万ヘクタール割り当てるというもので、ポジとは作付面積を例えば150万ヘクタール配分するという発想の転換だ。

もう一つは「主体論」と言われたが、国や都道府県、市町村が割り当てるのではなく、生産者や生産者団体が自ら需給を勘案して作付面積を定めるということだ。このほか、国内政策の規律が強化される中で、黄色の政策から脱却するため、「新たな酪農・乳業対策大綱」(99年3月)、「新たな砂糖・甘味資源作物政策大綱」(99年9月)、「コメ政策改革大綱」(02年12月)といった大綱シリーズも作られた。

そういう中で、稲作経営安定対策のように名称も経営安定対策に変わり、価格を支持するのではなく、過去の市場価格の平均値を下回った場合に例えば9割保証するような仕組みになった。価格変動リスクをヘッジして経営を安定させる政策に切り替わっていった。

新基本法は食料の安定供給や農業の持続的発展に加え、多面的機能を位置づけた。産業政策として食料の安定供給や持続的発展を進めるとともに、地域政策として農村の振興や多面的機能を支えることを打ち出した。

さらに、画期的なものとして自給率目標を定めた。カロリーベースと生産額ベースの二つが定められたが、私は生産額ベースを目標にすべきだと思っている。飼料自給率が極めて低いから、畜産が伸びて輸入飼料を使えば使うほどカロリーベースの自給率は下がっていく。

◇規制改革や成長戦略を重視する安倍政権

問題なのは、規模拡大や農地の集積、生産性向上に政策の重点が置かれていることだ。認定農業者や専業農家、プロ農家などさまざまな言い方をされるが、担い手シフトと言うか、もっぱら農業でやっていく経営体にシフトしている。産業政策の中で、担い手育成へのシフトや集中を進めてきた。選別政策とも指摘されたが、兼業農家を外し、担い手としての経営体を位置づけるようになったが、そこを見直さなければならない。

中山間地域直接支払いなど多面的機能への支援は、まだ本格的なものになっておらず。二の足を踏んでいるところがある。黄色の政策や緑の政策という話からスタートしたが、財政当局からすればそんなに必要なのかという思いがあるのだろう。緑の政策である多面的機能への支援をきちんと位置づけることが必要だ。

民主党政権については、国内政策の枠締めがされそうになった中で、戸別所得補償を導入したことは評価できる。マイナス面は、よく吟味しないままＴＰＰを推進したことだ。政治主導は良いのだが、政策に未熟で、現場をよく知らずに空回りした。

第2次安倍政権は長期政権になっている。大きいのは、ＴＰＰ交渉に参加して、妥結、成立させたことだ。また、規制改革を進め、競争による成長戦略という路線を根本に持っている。規制改革やイコールフッティング、規模拡大、企業参入という考えがベースにある。

◇資本主義や国際化のゆがみが表面化

平成30年間で、環境破壊や大気汚染。海洋汚染、貧困格差の拡大など、資本主義やグローバリゼーションによっていろいろなゆがみが出てきている。だから国連が持続可能な開発目標（SDGs）を言ったりしている。そういう世界的な状況の中で、相変わらず競争による成長戦略とか規模拡大とか企業参入とか株式会社とのイコールフッティングと言っているのは方向感がずれている。

令和に向けては、地域農業という単位で考えていくべきだ。コメの専業農家とか担い手とか畜産の担い手とか、作物と担い手をセットにして、それだけで農業政策を考えるのは現場から遊離、乖離（かいり）している。例えば蔵王なら蔵王というように、地域農業という単位で、さまざまな作物が作られ、さまざまな人々、法人、集団が役割を分担して農業を形作っている。ある程度まとまりのある地域の中で農業を活性化させる観点が必要だ。

緑の政策に関しても、多面的機能に対する直接支払いだけではなく、小水力発電やバイオマス、木材チップ、地熱発電のような自然再生エネルギーと地域農業をリンクさせ共生させる観点から政策支援をしていくべきだ。

◇ミニマム・アクセスの影響が鮮明に

――ウルグアイ・ラウンド交渉では、ＪＡ全中は市場開放に強く反対していた。

食管時代だったから、コメの買い入れなど国の役割と義務があった。そういう中で、コメは自給している主食なので、日本で作っていくべきで、基本的には輸入しなくていい、輸入しないで済む作物だから自由化する必要はないと主張していた。「1粒たりとも入れるな」という言い方がされていたが、こちらから言ったことではない。

結局はコメを例外扱いにして非自由化品目にした。ミニマム・アクセスは設けなければならないことになったが、最初はそれでいいと思った。しかし、4％からどんどん増えてくると、価格が安いから、加工用米など国産米にも影響を与えるようになる。加工用米の相場が下落すれば、主食用米も引っ張られて下落する。影響があることが分かってきて、自民党や農林水産省からどうするかという話になり、関税化した方がいいという結論になった。

ウルグアイ・ラウンドの次のラウンドでも関税を下げていくことになるから、例外扱いすればミニマム・アクセスは8％から10％、15％に増えていくことが予想された。そうすると、関税化

ウルグアイ・ラウンドでコメの輸入自由化に反対するＪＡ全中などの総決起大会=93年11月、東京・両国国技館（時事）

した上で高関税を課して、国内農業の生産性向上と見合う形で関税を徐々に下げていく方がいいのではないかという議論になった。最終的には、自民党と農水省と一緒に、原田睦民ＪＡ全中会長が記者会見し、コメの関税化に踏み切ることを発表した。

◇過剰在庫批判の後に大凶作

――93年はコメの作況指数が74という大不作となり、260万トンの緊急輸入を行った。

その頃は、２００万トンを超えて政府が在庫を持つのは過剰在庫だと批判されていた。大蔵省（現財務省）は過剰在庫をけしからんと言い、生産調整を強化して在庫を減らしたら、大凶作が起きた。やっぱり３００万トンの在庫を抱えていなければダメだとか、そういう感じだった。

その後は、水の管理をきちんと行って大凶作に耐えられるようになったから、作況が70台に落ち込むことはなくなった。最近は若干の豊作と不作を繰り返し、結局は足りているという状況だ。とはいえ、備蓄は現在の１００万トンで十分なのか、２００万トンは必要ではないかという議論はある。

◇輸出増の効果は疑問

――生産調整について、国による生産数量目標の配分は廃止されたが、事実上は維持されている。

実施主体や推進主体は変わっている。以前は行政が主体だったが、今は生産者や生産者団体が中心となっている。過去の実績を基に、どれだけ作ればいいかを考えている。今後も需要に合わせて作っていくことになるだろう。水田を維持して有効に活用していくため、飼料用米や転作作物もきちんと生産し、持続可能な農業を続けていく。

——安倍政権の農政をどうみるか。

複合的に取り組む必要があるのに、規模拡大すれば良いとか、農地を担い手に集中すれば良いとか、輸出を増やせば良いなどと言っている。輸出の役割はあるが、輸出でどれだけ農業所得が増えたかというと、大したことはないはずだ。輸出がある程度増えれば、国内需給が引き締まり価格が維持されるとか、そういう役割はある。海外では国内の倍の価格で売られているとも言われるが、バイヤーの手数料に多くを取られて農家の懐には入ってこない。国内で売った時より所得が良いという話を聞いたことがない。

◇農協の規模拡大で地域農業を支援

——平成の間で合併によって農協の数は減り、大規模化が進んだ。

私は1県1ＪＡでもいいと考えている。地域農業をしっかり支えていくための財務基盤や人的体制を整えることを考えると、ある程度の規模が必要だ。各県や地域の実情に応じていろいろなものに手を差し伸べていかなければならないが、ある程度の人的体制と財務基盤を持っていないと支えられない。それがどのぐらいの規模になるかと言えば、県によっては1県1JAになった。

農協は地域の農業を支える中核組織だし、地域住民の暮らしを支える中核組織だ。その両方の役割を果たしていくことが、今の地域社会の実情に見合っている。例えばガソリンスタンドでは、大手はどんどん撤退している。給油という事業に限ればペイしないが、自動車の修理や保険などトータルに生活者を支える事業を行うことによってペイできる。総合事業を行う協同組織であるJAは理にかなっている。

――准組合員はどうあるべきか。

私は議決権を一定の範囲で与えるべきだと考えている。組合員であるのに議決権がないということは協同組合ではあり得ない。だから、准組合員の利用を規制しろという話にもなってしまう。組合員が事業利用するために作ったわけだから、組合員が事業利用を規制されるなん

総合農協数の推移

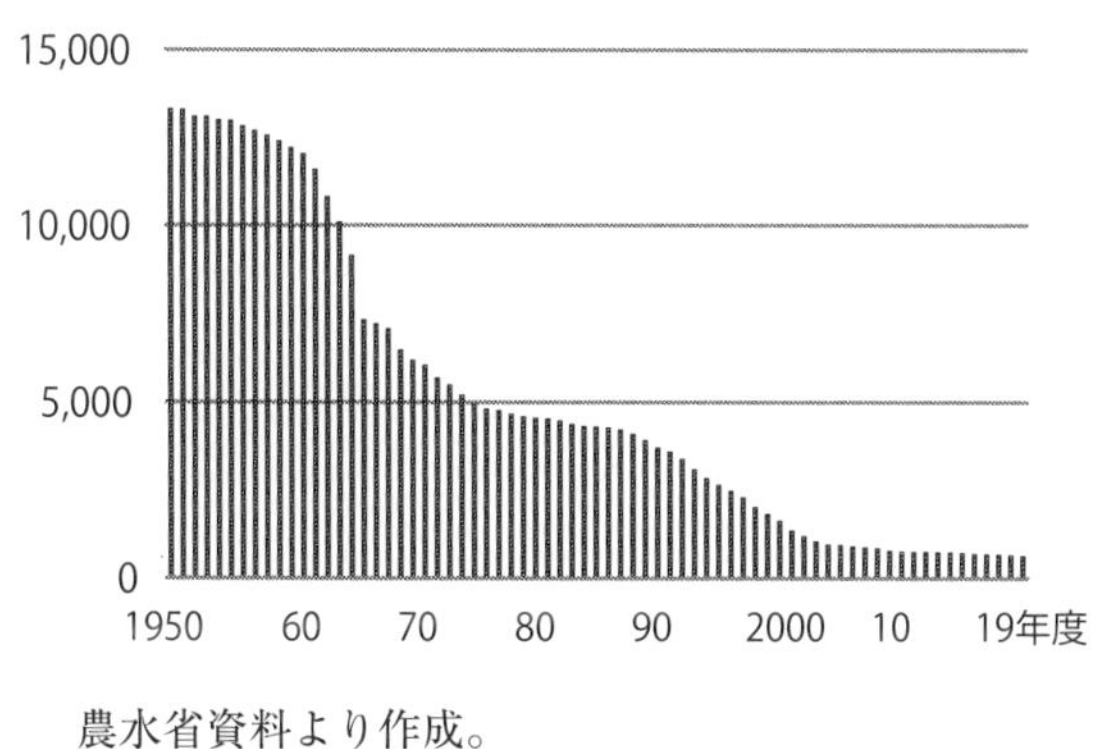

農水省資料より作成。

てあり得ないことだ。准組合員の意思反映を図る取り組みは、既に自主的に行っているところもある。法改正しなくても、定款の見直しなどでできる。

――経済事業の赤字を信用事業の黒字で補塡する収益構造が問題視されている。

農協だけではなく、世の中の事業全体として、製造業と金融・保険業の収益率は全く違う。メーカーの収益率は低い。それと同じことだ。

部門別の損益で収支をきちんとするのが基本だが、当然ブレも出る。例えば農業関連施設に大きな投資をすると、減価償却費が増え、収支は悪化する。しかし、5年後や7年後に収支が改善していくと説明できれば良い。そうした投資を必要な時に行い、ある程度の期間赤字になるとしても、そういうことを組合員の理解の下に進めていくこともできる。

農協の金融依存は限界、農業に軸足を

田代洋一・横浜国立大学名誉教授

田代　洋一（たしろ　よういち）

1966年東京教育大学文学部卒業後、農林省（現農林水産省）入省。林野庁林政課、農業総合研究所（現農林水産政策研究所）などを経て退官。75年横浜国立大学経済学部助教授、85年同教授、2008年大妻女子大学社会情報学部教授。現在は両大学名誉教授。博士（経済学）。

〔主な著書〕「農業・食料問題入門」（大月書店）「地域農業の持続システム」（農山漁村文化協会）「農協改革と平成合併」（筑波書房）など

平成では農業協同組合の合併が加速し、農林水産省の調査によると、総合農協は2019年4月1日時点で634と、30年前に比べ6分の1に激減した。田代洋一・横浜国立大学・大妻女子大学名誉教授は、農林中央金庫から支払われる奨励金（預金金利）の減少を補うため、農協は合併による貯金量の増大を目指してきたとの見方を示す一方、奨励金の一段の引き下げにより「信用（金融）事業の収益に依存してきたビジネスモデルが根底から崩れてくる」と分析する。その上で「もっと（農産物販売や生産資材供給といった）経済事業にウエートを置く必要に迫られている」と指摘した。

◇ＷＴＯ次期交渉をにらんだ新基本法
――平成農政をどうみているか。

冷戦体制が１９８９（平成元）年に終わり、ウルグアイ・ラウンドが終結に向かう中で、92年に「新しい食料・農業・農村政策の方向」（新政策）が出され、99年に食料・農業・農村基本法（新基本法）が制定された。１９６１（昭和36）年に制定された農業基本法に代わり、何十年も先を見越した新基本法をという気持ちはあっただろうが、切羽詰まった問題として、世界貿易機関（ＷＴＯ）の次期交渉にどう対応するかが最大のテーマだった。

当時、農水省は、国境を何とか保護したい、これ以上の自由化は避けたいとの意向だった。そこで、食料安全保障と農業の多面的機能という考え方を打ち出し、行き過ぎた貿易至上主義に反対した。

しかし、２００１年に始まったＷＴＯのドーハ・ラウンドは06年ごろからおかしくなり、08年に決裂した。安倍晋三首相は、経済成長第一、そのためには経済連携協定（ＥＰＡ）やメガ自由貿易協定（ＦＴＡ）ということで、食料安全保障は輸出によって食料自給率を高めれば良いと考えたのだろう。安倍農政の農業輸出産業化論と、新基本法が打ち出した食料安全保障と多面的機能のせめぎ合いが今も続いていると私はみている。

◇人口減少時代にそぐわない自給率目標

――新基本法では食料自給率目標も打ち出された。

分かりやすいシンプルな指標としては評価するが、問題がある。国内生産を国内消費で割るわけだが、人口減少とともに国内消費は減っていく。だから国内生産さえ維持できれば、分母が小さくなるから、黙っていても自給率は上がる。人口減少時代に食料自給率目標は適さないというのが1点だ。農業生産の絶対水準を示す自給力の方がふさわしい。

もう一つは、自給率を計算する際、分子の国内生産に輸出を含める点だ。日本はWTOで、日本提案として（2000年12月に）輸出制限措置を規制すべきだと主張した。日本のような輸入国は、いざという時に食料輸出国に輸出を制限されるのは非常に困るからだ。そこで輸入制限を規制すると言うなら、輸出制限も規制すべきということだ。自給率計算に輸出を含めるのは、いざという時に国内に仕向けられることを理由に挙げているが、かつて日本がそれはダメだと主張したことを忘れてはな

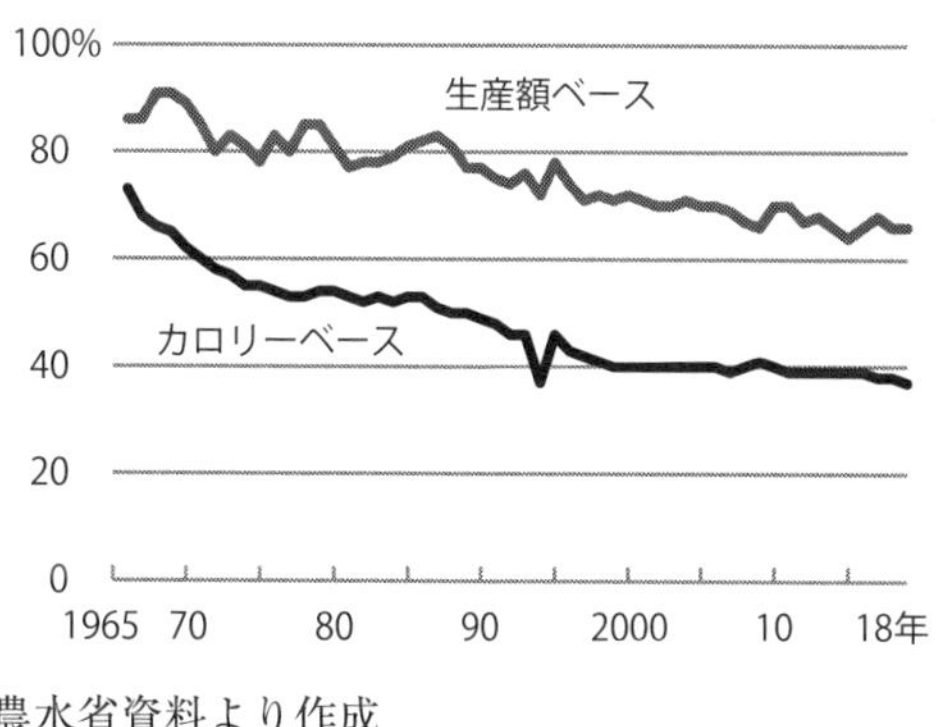

農水省資料より作成

らない。

新たな食料・農業・農村基本計画をめぐって自給率目標が議論されているが、農業基本法以降の約60年間、カロリーベースの自給率は上向いたことがない。今の農政では、40％前後を守るのが精いっぱいではないか。FTAをこれ以上拡大していけば、自給率はさらに低下する。

◇1960年代から農協合併が活発化
——平成の間には農協の合併が進んだ。

合併のそもそも論をきちんと考える必要がある。日本の農協は、戦前の産業組合時代から総合農協として制度設計された。総合農協である以上は、部門間で資金や収益を融通できることが大前提となる。そこで、信用事業や共済事業で稼ぎながら、販売手数料や営農指導の賦課金を低く設定するというビジネスモデルになった。高度成長期に地価の上昇などもあり、信用事業にさらに傾斜するようになった。

農協はエリアが限られているから、どんどん事業を拡大するわけにはいかない。単位農協として貯金量を増やすためには、合併という発想がどうしても出てくる。こうした背景か

厳しい内容となった08年9月中間決算を発表する農林中金の上野博史理事長（左端）=08年11月、東京（時事）

ら、1960年代に第1次の合併がピークになるが、市町村合併に合わせたことと産地農協の確立が狙いだった。

第2次のピークは、金利が自由化、低下し出した80年代後半から今日にかけてだ。農協は組合員から集めた貯金を都道府県の信用農業協同組合連合会（信連）や農林中金に預けると、奨励金として預金金利を得ることができる。定期預金でさえ金利がほぼ0％という中で、奨励金の金利は0・6％とかなり高い。そのために農林中金は国際的にリスクの高い運用をしており、08年のリーマン・ショックではサブプライムローンで巨額の損失を計上することになった。今はその見直し期だ。

◇簡単でない経済事業の黒字化

――信用事業で利益を稼ぎ、経済事業や営農指導の赤字を補塡(ほてん)する収益構造が問題視されている。

総合農協として設計されたということは、部門間での収益の融通が可能だということだ。ただ、農協が自らの経営管理のためには部門別のセグメント会計が必要であり、補塡されるから経済事業が赤字で良いということにはならない。営農指導部門はプロフィットセンターではないから赤字だとしても、食料安全保障や農業の多面的機能を高めるという国民の負託に応えるため、信用事業や共済事業の収益から補塡することが必要といった位置づけや説明が必要だ。そこはまだ十分ではないと思う。

北海道の農協では9割が経済事業で黒字になっており、半数は経済事業の黒字で営農指導の赤字をカバーできている。その理由は、単協の農産物販売額が大きく、手数料収入を稼ぐことができるからだ。都府県の農協では、販売規模が縮小しているから、経済事業を黒字にしろと政権に言われても、なかなか厳しいのが実態だろう。

◇信用事業分離は行き過ぎ

――安倍政権の農協改革をどうみるか。

金融業界が世界的にリストラの時代に入っている。農林中金は、奨励金の金利を0・6％から4年かけて0・4～0・5％に引き下げようとしている。こうなると、信用事業の収益に依存してきたビジネスモデルが根底から崩れてくる。

これまでは合併で何とかカバーしてきた。その流れで1県1農協や広域合併が言われている。しかし今では、信用事業依存から完全には脱却できないにしても、過度な依存は防ぎ、もっと経済事業にウエートを置いたビジネスモデルに転換する必要に迫られている。農

総合農協の部門別損益（17年度）

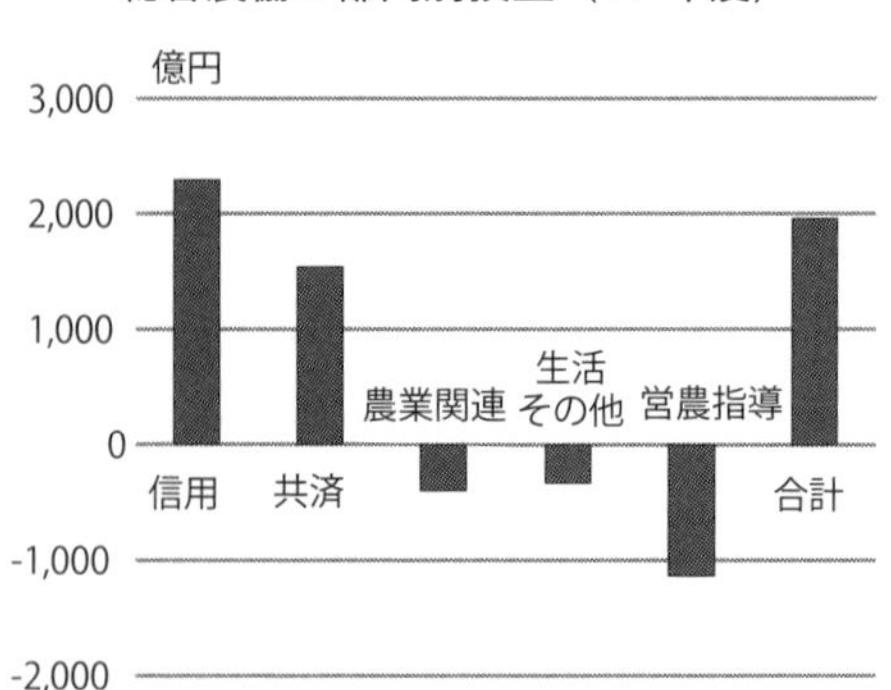

税引前当期利益の合計額。農水省資料より作成

協としては、金利が下がって大変だからさらなる合併という動きの一方で、信用依存の路線からの脱却が必要という二重の課題に直面し、両者がせめぎ合っている状況だ。

安倍政権は農協改革として、信用・共済事業依存型ではなく、経済事業にウエートを置く農協になるべきだというシグナルを出したという点では、一定の評価ができる。しかし、そのために信用事業を譲渡しろとか、代理店化しろとか、准組合員の利用を制限すべきだというのは、ブラフ（はったり）政策であり、行き過ぎだ。

信用事業を代理店化することは、総合農協をやめて専門農協になれということだ。都府県の農協のほとんどは信用事業がなくなれば成り立たないから、農協改革ではなく農協つぶしになる。

総合農協の預金利息収益

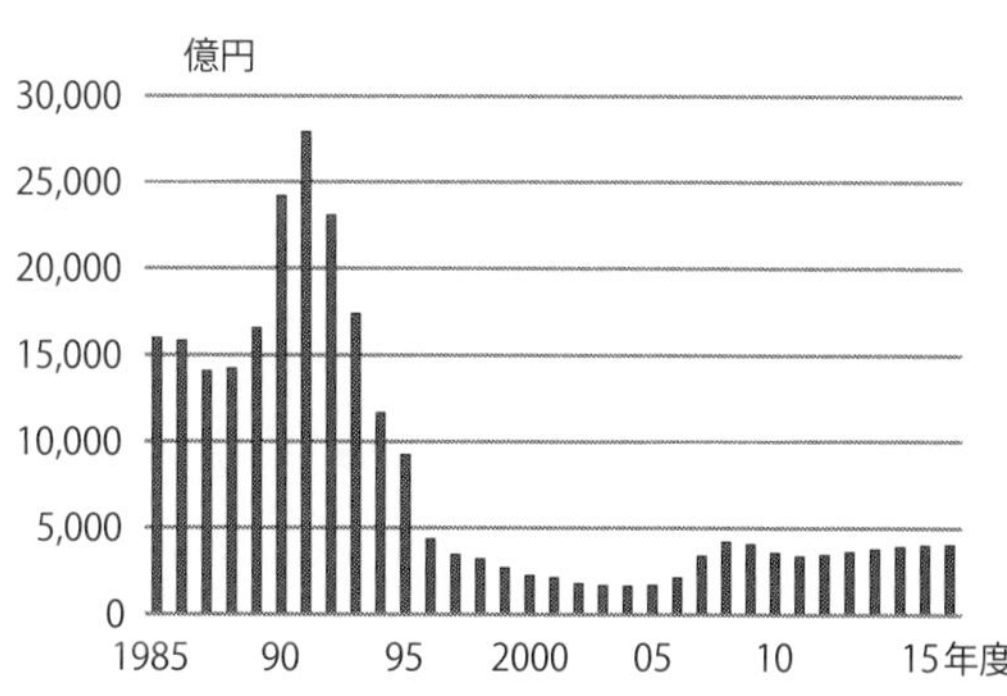

信用事業収益のうち預金利息の合計額。農水省資料より作成

◇准組合員に4分の1までの議決権を

――准組合員規制についてどう考えるか。

准組合員は戦前から存在し、農協法も農協を「農業者の協同組織」と言いながら、准組合員を組み込んだ形になっている。ただし、基本は農業者の組織だから、准組合員が支配するようになると困るから、総会の議決権や役員の選挙権は持たせないようにした。しかし、今では准組合員が過半数を占め、自動車の共済や教育ローン、住宅ローンなど信用事業や共済事業を多く利用し、そこからの収益も農協を支えている。

それなのに議決権も選挙権もないのは、正常に考えればおかしい。准組合員とすれば、自分が預けた貯金を基に農協は利益を得て、その利益をわれわれの合意もなしに経済事業の赤字補填や営農指導といった正組合員だけのために使うのはおかしい、きちんと説明してほしいと思うだろう。法律上、選挙権も議決権も与えるべきだ。

私の案は、4分の1までの議決権を認めるというものだ。会議は2分の1の出席で成立し、その2分の1で可決されるから、可能性としては4分の1の賛成があれば組織を支配できる。准組合員がどんなに多くなっても、4分の1までにとどめれば、准組合員の立場を認めつつ、農協を支配することに歯止めを掛けられる。ただ、農協の内部にも准組合員に権利を与えることへの違和感が強くあり、全国の農協がしっかり議論する必要がある。

◇民主党農政は一点豪華主義

――民主党農政をどうみるか。

農家の選別主義を採らなかったのは評価するが、そのほかはコメ戸別所得補償制度の一点豪華主義農政だ。とにかく戸別所得補償があれば、価格政策はなくても、日米FTAなどでどんどん自由化しても大丈夫だと説明していた。他国では直接所得補償と最低価格保証を組み合わせているのに、戸別所得補償一本やりで、そのために基盤整備の予算まで注ぎ込んでしまった。

結果はどうだったか。最低価格保証の仕組みを作らずに戸別所得補償だけを行えば、取引業者は農家が所得補償される分だけ買いたたき、米価は下がる。戸別所得補償として支払われた10アール当たり1万5000円の半分しか農家には残らなかった。だから、直接支払政策さえ行えばいいというのでは、一種のポピュリズムになってしまう。

◇生産調整政策は米価維持政策

――生産調整政策は事実上維持されている。

コメの生産調整政策とは、要するに米価政策だ。コメは構造的に過剰であり、かつWTOで価格政策はダメだと言われたので、結局は生産調整で主食用米の生産を減らすことで需給調整して米価を維持することになった。生産調整政策に賛成か反対かではなく、米価を維持する必要があるのかが問われる。米価を引き下げて輸出競争力をつけるべきだという意見もあるが、私は一定程度米価を維持する必要があると考えている。

ただ、国が生産数量目標の配分をやめた影響は大きい。国がやめたことで、県や市町村も生産調整を担当する係をなくしている。そうなると、生産調整がうまくいかなくなるのは目に見えている。

しかし、根本問題は国が配分をやめるかどうかではなく、生産調整の助成金をやめるかどうかだ。助成金をやめるには、機会所得の源泉である水田面積を減らさなければならない。その場合、食料安全保障は大丈夫なのか、農業の多面的機能はどうなるのか、アジアモンスーン地帯における水田装置をどう位置付けるのか、といった問題に対する価値判断が求められる。

◇新基本法から外れた安倍農政

――安倍政権の農政をどう評価するか。

食料安全保障と農業の多面的機能、農村の振興といった新基本法が打ち出した理念は、ポスト冷戦下の公共政策の理念としては正しいと私は考える。だから、それに即して、

農林水産物等輸出促進全国協議会総会であいさつする安倍晋三首相＝14年11月、東京（時事）

今の政策のすべてを見直す必要がある。

その点で、安倍農政は明らかに食料安全保障政策から農産物輸出政策に切り替えてしまった。だから、食料安全保障政策について具体的なものは何もない。08年に農水省に食料安全保障課が設置され、現事務次官の末松広行氏が初代の課長に就いたが、15年に政策課の中の食料安全保障室に格下げされた。この点から見ても、安倍農政は新基本法農政から完全に外れている。

さらに言えば、安倍農政は農林族が衰退した後の農政だと言える。歴代の首相も安倍首相と同じことをやりたかったかもしれないが、農林族がいてなかなか実現できなかった。民主党政権が誕生した09年8月の衆院選で農林族がほとんど滅びた。農水省と農協と族議員の鉄のトライアングルをつぶすことができ、自由奔放にやったのが安倍官邸権力農政だ。族議員がいいとは言わないが、ポスト冷戦時代の公共政策としては、国民の声や農村の現実が反映される農政の仕組みが必要だ。

行政と農業者の連携強化、改革が身近に

笠原節夫・横浜ファーム社長

笠原　節夫（かさはら　せつお）

横浜ファーム社長、八千代ポートリー相談役

１９７９年八千代ポートリー（横浜ファームの販売部門を分離）社長、２０１２年相談役。97年から横浜ファーム社長。神奈川県農業法人協会会長や横浜商工会議所南部支部支部長も務めているほか、２０１３年６月から19年６月まで日本農業法人協会副会長に就任した。

平成の間、農業現場は農政をどうみてきたのか。千葉県や茨城県で大規模な養鶏業を営む横浜ファーム（本社横浜市港南区）の笠原節夫社長（前日本農業法人協会副会長）は、農林水産省と農業者との意見交換の場が設けられるようになったことを挙げ、「行政がわれわれの意見を直接聞いてくれるようになり、制度設計や改革が身近に感じられるようになった」と評価する。一方で、建築や流通の規制など農業者と他省庁との関係も深まっているとして、令和の課題として「縦割り行政の弊害をなくしてもらいたい」と注文を付けた。

◇寡占化が進んだ養鶏業

――平成の間、農政をどうみてきたか。

農業現場としては、われわれがもっとスピーディーに仕事をしやすい仕組みにできないかと思ってきた。実際に改革が進むかどうかは、官僚や政治家が情報を共有して、どう動くかにかかっている。これまでは官僚や政治家に要請するしかなかったが、この4～5年は行政がわれわれの意見を直接聞いてくれるようになり、非常に感謝している。制度設計や改革が身近に感じられるようになった。

平成が始まったころはそれどころではなかった。自分の会社を発展させ、自分の生活を維持するため、事業拡大にまい進してきた。どうやって自分の事業である養鶏業を安定的に経営できるか、マーケットで評価されるようになるかを考え、行政や政治との関係を考える余裕はなかった。鳥インフルエンザが発生し、対策をどうするかにも翻弄(ほんろう)された。一方で、IT化で合理化が進み、受発注や会計処理が非常に早くなった。

採卵鶏の飼養戸数と１戸当たり飼養羽数

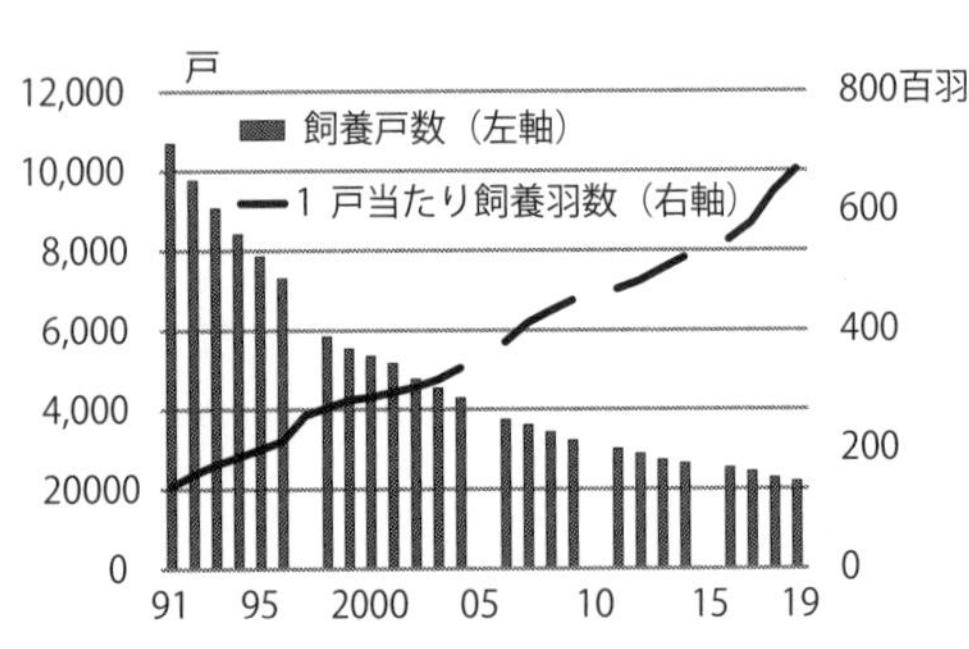

農水省資料より作成

養鶏業界には牛や豚のような国の支援がほとんどなく、寡占化が進んできた。50年近く前に養鶏家は全国で10万件以上あったが、今では2000件ぐらいだ。今後さらに減るだろう。1970年に千葉県君津市に設立した農場では、従業員数は当時から変わらないが、生産量は8倍に増えた。労働生産性が8倍に増えたということだ。合理化やIT化が進み、エサや集卵は自動化され、鶏ふんも自動で集めるようになった。

◇実態に合わない建築規制

――行政が直接意見を聞いてくれるようになったとはどういうことか。

2018年から、稲作、野菜、果樹、畜産といった品目別に、農水省と日本農業法人協会の会員らとの意見交換会が設けられた。畜産で直接影響する問題として、例えば鶏舎に関する規制がある。鶏舎の中にほとんど人はいないのに、消防法や建築基準法は一般の住宅と同じ形で適用される。そのまま適用されると、うちの鶏舎に消化器が1000本ぐらい必要ということになってしまう。

行政が直接意見を聞いてくれるようになったので、こうした

鳥インフルエンザが発生した養鶏場で、鶏の殺処分のため鶏舎に入る宮崎県職員=07年1月、宮崎・清武町（時事）

ことが言えるようになった。建築基準は国土交通省の管轄だが、畜産専用の規制に改めてほしい。ほかにも、例えば水田にドローンで肥料をまこうとした時に、都心部と同じ規制が農地にも設けられれば、農家は仕事にならない。生産から販売まで一気通貫で仕事をする農業者も増え、養鶏の管轄は農水省であるのにもかかわらず、流通は経済産業省と分かれている。令和の新しい時代に向かってやるべきことはたくさんある。縦割り行政の弊害をなくしてもらいたい。

◇農業者の減少に危機感

出発点として、農業者人口が急激に減っているという危機感がある。規模を拡大して農地を守り、食料自給率を37％から70～80％にしていかなければならない。食料安全保障の問題として取り組まなければならない。そのためには、農地の集積、労働生産性の向上、技術革新、情報の共有といったことが必要だ。

養鶏には日本養鶏協会という業界団体があるし、養豚や酪農にも全て業界団体はある。しかし、業界団体と行政との関わりは要望という形が中心で、制度設計ではなかった。「こういう被害を受けたからこうして下さい」という要望だった。

――平成ではウルグアイ・ラウンドや環太平洋連携協定（ＴＰＰ）など貿易自由化が進んだ。

卵の自給率はほぼ１００％だ。生で食べられる日本の卵は安心安全のパテント（特許）のようなものだ。欧米から輸入されるのは加工用で、国内の需要と供給のバランス調整のために輸入される。ＴＰＰの影響はないだろうという感覚だ。

われわれは逆に今攻勢をかけている。高いけれども生で食べられる安心な卵だとして、これから輸出を増やしていきたい。東南アジアは日本に近い食文化を持っているし、中国では日本の卵や食材は安全だというブランドがある。こうした国への輸出は行いやすい。

◇飼料用米で水田を維持

――これまでの農政はコメが中心だった。

日本の主食はコメだから、コメ政策が軸であるのは分かる。輸出を含め、畜産や野菜や果樹も含めた全体の政策を考えるべきだ。

畜産業界は生産性という考え方を取り入れたから、牛も豚も鶏も施設の改革や技術革新が進んだ。コメのような土地利用型では、農地が欧米に比べて小さく、生産性を向上するには土台となる農地の改革をしなければならない。そのために農地中間管理機構（農地バンク）が作られたが、スピードが遅い。特に都市部では農地を資産としてみており、集積が遅れている。

――政府は主食用米から飼料用米への転換を進めている。

国民のコメの需要は毎年減退している。将来の食料安保を考えると、水田という宝物を維持していかなければならない。そこでコメを畜産の飼料として活用することになった。問題は畜産農家にとってコストが高いということだ。

しかし、貿易戦争が起こって、欧米から日本の畜産に穀物を売らないと言われるかもしれない。コメでなくてトウモロコシでも何でもいいが、今一番余っている農地と言えばコメだ。労働力も一番少なくて済む。これをもっと生かせないかというのは自然なことだ。そのためにも、農地の合理化を行い、コメの生産コストを下げる必要がある。

◇卵は用途別に作り分け

――10アール当たり最大10・5万円の交付金は多すぎるとの指摘もある。

今の状況では支援策は必要だ。放っておくべきではない。生産性を上げるために、農地の集積を図り、業務を簡素化するとか、経営の視点で物事を考えることも必要だ。

コメ農家としては、農家のプライドとしておいしいコメを消費者に食べてもらいたいという思いはあるだろう。自分のコメは一番だとみんなが言う。しかし、それがコスト低減を邪魔している可能性がある。事業として考えれば、飼料用米なら畜産農家が一括購入するから、売り先を考えなくて済むメリットがある。

法人化が進み、経営という視点で考えられるようになると、おいしいコメは一部で作りながら、外食産業に見合ったコメを別に作るという動きになるだろう。うちでは年間4万トンの卵を売っているが、普通のレギュラーの卵のほか、エサを変えて外食用の卵を作っているし、洋菓子用の特殊な卵を作れば顧客との安定的な取引ができる。

◇最大の問題は労働力の確保

――農協改革をどうみているか。

これまでは、農協が立派になって農家がつぶれることが起きてきた。農協は農家のために作られた組織なのに、農協が健全で農家が廃業していくことに気がつかなかった農協には疑問があった。全てではないが、中にはそういう意識の農協役員はいた。もちろん優秀な農協もあり、言われる前から6次産業化に取り組むところもあった。農協改革によって農協の意識は変わった。それによって農家の意識も変わり、法人化する動きも出ている。

日本の農業で一番困っている問題は労働力の確保だ。日本農業法人協会と全国農業協同組合中央会（ＪＡ全中）、全国農業協同組合連合会（ＪＡ全農）、全国共済農業協同組合連合会（ＪＡ共済連）、農林中央金庫、日本農業会議所で16年に農業労働力支援協議会を設立し、私が座長になった。労働力の確保は大変な問題だと、現場のわれわれが手を挙げて作られたものだ。

◇大量の食品ロスは問題

人手不足は深刻だ。神奈川県では基幹的農業者の平均年齢は67～68歳だ。10年後には、法人化や生産組合にしなければ、神奈川県の農地は維持できなくなる。地方はもっと深刻だ。そのためにも、農地をきちんと集約し、大型機械が使えるように整備しなければならない。農地がきちんと整備できれば、生産性は一気に上がる。

日本農業法人協会の副会長をしていた時に思ったことは、農業の生産性を上げることが一つだ。一方で、国民は年間640万トンもの食料を捨てているのはいささか問題ではないかということだ。食品ロスを減らせば食料自給率は上昇する。生き物を食べるという原点を国民にもう一度認識してもらいたい。

食品ロスは643万トン

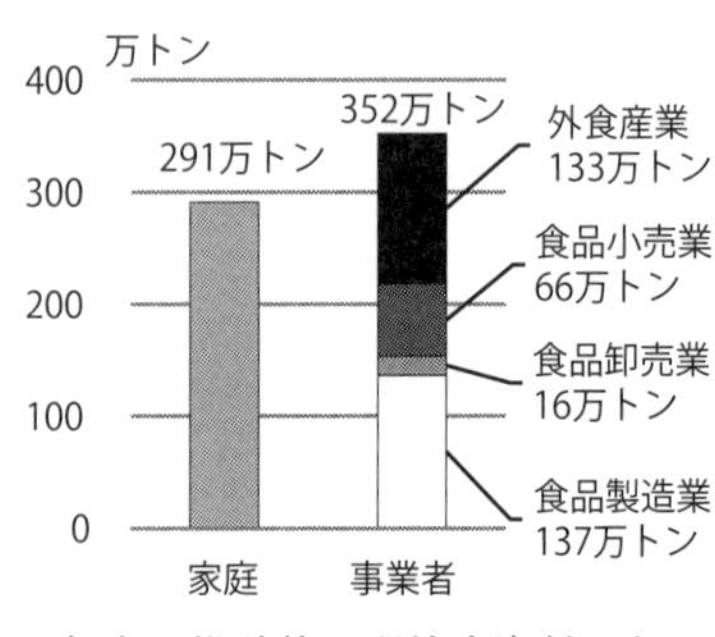

16年度の推計値。環境省資料より

――ここ数年、動物福祉の観点から、欧米を中心に鶏のケージ飼いをやめるよう求める声が出ている。

国によって状況は違うが、日本は資源のない国だ。生産性を上げて国民に安心安全で低コストの卵を供給する方が、国民に対して親切だと思う。例えば、動物愛護の考え方からケージ飼いをやめると、だいたいコストが2倍になる。最終的には国民や消費者が判断する問題だが、今のように安心安全で生で食べられて、コストの安い卵を国民は望むと私は考えている。

〔著者略歴〕

菅　正治（すが・まさはる）

1971年神奈川県生まれ。慶応大学卒業後、時事通信社入社。経済部やシカゴ支局を経てデジタル農業誌Agrio（アグリオ）編集長。著書に「霞が関埋蔵金」「本当はダメなアメリカ農業」（いずれも新潮新書）

平成農政の真実　キーマンが語る

2020年3月20日　第1版第1刷発行

著　者　菅 正治
発行者　鶴見治彦
発行所　筑波書房
東京都新宿区神楽坂２－19 銀鈴会館
〒162－0825
電話03（3267）8599
郵便振替00150－3－39715
http://www.tsukuba-shobo.co.jp

定価はカバーに表示してあります

印刷／製本　中央精版印刷株式会社

ISBN978-4-8119-0570-9 C0061